01 / 100

EL ORIGEN DEL UNIVERSO

De hecho, esta es la gran pregunta. ¿Cuál es el origen de absolutamente TODO? Y el mero hecho de que nos la planteemos es un buen indicativo de hasta qué punto la mente de los humanos es osada. Durante muchos siglos se recurrió a diferentes leyendas o directamente a los dioses como creadores. Pero esto resulta poco satisfactorio. Si Dios creó el Universo, ¿quién creó a Dios? Al final, lo único que se hacía era cambiar el enunciado de la pregunta, pero la incógnita principal seguía presente.

El caso es que, poco a poco, los astrónomos fueron descubriendo estructuras dentro del Universo. Los planetas giran alrededor de estrellas, que se agrupan en galaxias y que se mueven en distintas direcciones. Y precisamente este movimiento dio una pista importante. Parecía que todas las galaxias se alejaran de nosotros. Esto se podía deber a que la Tierra es un lugar particularmente repelente o, más probable, a que en realidad las galaxias se alejan unas de otras. Entonces, las mires desde donde las mires, siempre parecerá que las estrellas huyen de ti.

Por este motivo se dice que el Universo está en expansión. Ahora mismo, mientras leemos esto, la distancia que nos separa de otras galaxias se va haciendo más y más grande.

Pero esto quiere decir también que hace un rato estaban más cercanas, y que hace un millón de años todavía estaban más cercanas. Si seguimos el razonamiento, llegamos a un punto donde todo lo que se encuentra en el Universo estaba junto, comprimido en un único punto. Un punto de distancia nula donde se concentraba toda la materia y toda la energía del Universo, pero que también contenía el mismo espacio y el tiempo. Fuera de este punto no existía nada. Ni siquiera espacio o tiempo. Y este punto, por algún motivo, estalló en una inimaginable explosión, lo que llamamos *Big Bang*.

Muy bien, pero, antes de aquel punto, ¿qué?

Pues ni idea. El problema es que podemos comprender cómo era el Universo instantes después de la explosión, pero cuando llegamos al punto donde todo está en un punto de tamaño cero, aparecen cosas muy extrañas: el tiempo se detiene, el espacio deja de existir, la densidad de la materia es infinita... Y con el infinito, los cálculos de los físicos dejan de tener sentido.

Durante un tiempo se pensó que podía existir un ciclo infinito: el Universo se expandía hasta que la gravedad detenía la expansión, y después se volvía a comprimir hasta colapsarse completamente, de manera que podía dar lugar a otro Big Bang. Así, el Universo sería una seria infinita de ciclos. Pero ahora parece que la expansión no se detiene, sino que cada vez va más deprisa y nunca volverá a colapsarse. De manera que, por lo que sabemos, el Universo sí tuvo un origen hace unos catorce mil millones de años. Pero la explicación de este origen todavía está más allá de las teorías cosmológicas actuales.

De momento parece que necesitamos más datos o bien nuevas teorías realmente revolucionarias.

• *Colección Cien* × *100 – 6* •

100 enigmas que la ciencia (todavía) no ha resuelto

Daniel Closa i Autet

Primera edición: febrero de 2013

© Daniel Closa i Autet

© de la edición:
9 Grupo Editorial
Lectio Ediciones
C/ Muntaner, 200, ático 8ª – 08036 Barcelona
Tel. 977 60 25 91 – 93 363 08 23
lectio@lectio.es
www.lectio.es

Diseño y composición: Imatge-9, SL

Traducción: Mariano Veloy

Impresión: Romanyà-Valls, SA

ISBN: 978-84-15088-67-7

DL T 16-2013

ÍNDICE

INTRODUCCIÓN

Esta recopilación de enigmas tiene la clara vocación de quedar parcialmente obsoleta en relativamente poco tiempo. Esto se debe a que buena parte de los temas que se plantean en este libro están siendo objeto de una intensa investigación, de manera que es previsible que dejen de ser enigmas y pasen a formar parte del conocimiento científico que se acumula día tras día. En realidad no sería ninguna sorpresa que algunos encuentren respuesta antes incluso de que este libro salga de la imprenta. Esto sencillamente es una muestra de la rapidez con la que se mueven las cosas en el campo del conocimiento. Y, bien pensado, sería una mala noticia que de aquí unos años buena parte de estos enigmas no se hayan resuelto…, para ser sustituidos por otros enigmas igualmente fascinantes.

Para escoger los cien enigmas he aprovechado que hace unos años la revista *Science* publicó una lista con 125 preguntas para las que no tenemos respuesta. Entre estas se encontraban las que se consideraban las *25 grandes cuestiones*, y prácticamente todas están recogidas en este libro. Seguramente estas serán las que se resistirán más a ser resueltas, como, por ejemplo, el origen del Universo o la base biológica de la consciencia humana. Son los grandes retos para la física, la biología o la psicología, y seguramente requerirán nuevas teorías que todavía están por formular. Pero también conocemos temas aparentemente intrascendentes que, sin embargo, siguen sin explicarse. Digan lo que digan las leyendas urbanas, todavía no sabemos exactamente por qué motivo bostezamos.

En cualquier caso, el lector no encontrará preguntas sobre ovnis, parapsicología o magia. Los enigmas planteados aquí deberían poder resolverse aplicando el método científico. Aquello de plantear hipótesis, hacer experimentos para ponerlas prueba y, en caso de que se confirmen, seguir siempre poniéndolas a prueba por muchos otros grupos. En caso contrario, generar nuevas hipótesis y volver a empezar. Una estrategia que nos ha llevado a niveles de conocimiento que ninguna generación anterior ha tenido nunca en toda la historia de la humanidad.

El hecho de que todavía queden tantas preguntas sin respuesta es inherente a la curiosidad humana, que, cuando encuentra un porqué, inmediatamente quiere descubrir el porqué del porqué. Esta tal vez sea una ruta sin fin, pero, mientras hacemos este camino, ciertamente nos enriquecemos de una manera extraordinaria.

Barcelona, noviembre del 2012

EN LOS LÍMITES DEL ESPACIO Y DEL TIEMPO

02 / 100

LA MATERIA OSCURA

Las leyes de la física tiene la gran virtud de que nos permiten hacer cálculos precisos y obtener datos con los que podemos predecir el comportamiento de los objetos según unos pocos parámetros. Por eso podemos calcular la trayectorias de los cohetes, las velocidades de los aviones y las órbitas de los planetas y las estrellas. Y por eso también, si conocemos la masa de dos estrellas, la distancia que las separa y la velocidad a la que se mueven, podemos calcular las trayectorias que seguirán.

Estos cálculos funcionaron perfectamente hasta que los astrónomos se dieron cuenta de que alguna cosa no encajaba. Si analizaban las trayectorias de galaxias lejanas, su comportamiento se alejaba, y mucho, de lo que era previsible. Este comportamiento era difícil de explicar, porque se tenía en cuenta toda la información necesaria: las velocidades relativas, la distancia y la masa de las estrellas que las formaban. Pero las galaxias no hacían caso de los cálculos de los astrónomos y actuaban de manera diferente.

Al final se impuso la conclusión obvia. Los cálculos eran correctos, lo que estaba mal eran los datos que utilizaban. No existía ninguna duda acerca de la distancia y la velocidad, pero lo que podía estar equivocado era la masa. Las galaxias se comportaban como si tuvieran mucha más materia de la que podemos observar.

El problema es que, cuando miramos el Universo, únicamente podemos ver aquello que emite alguna clase de radiación. Si es en forma de luz visible, vemos las estrellas, pero pronto se supo que existían objetos que emitían radiaciones infrarrojas, de rayos X o de otro tipo. De manera que en el Universo existe mucha más masa que la que vemos a simple vista, pero, incluso teniendo en cuenta todos estos objetos, todavía falta muchísima por encontrar. De hecho, se ha calculado que lo que podemos observar, aquello que conocemos, representa un porcentaje muy pequeño del total.

Ahora ya tenemos indicios de esta materia invisible (y que por eso se llama *materia oscura*), a partir de muchas otras mediciones. Datos con nombres exóticos, como "anisotropía de la radiación de fondo de microondas", o con nombres más sencillos, como "las distribuciones de temperaturas galácticas", indican que efectivamente allí fuera existe bastante materia de la que apenas sabemos nada. Únicamente que está allí y que es muy abundante.

Y eso que no faltan hipótesis, cosa que demuestra que los físicos tienen una gran imaginación. Puede que se trate de nubes de gas oscuro, o de objetos estelares como estrellas oscuras o planetas gigantes, puede que sean partículas subatómicas… Durante un tiempo los neutrinos fueron buenos candidatos, pero finalmente se ha comprobado que ellos solos no bastan para explicar la materia oscura. Ahora se habla de partículas con nombres más exóticos, como "la materia oscura no bariónica". Nombres que muchas veces tan solo significan "una cosa distinta a todo aquello que conocemos".

03 / 100

LA ENERGÍA OSCURA

Hace unos cuantos años se debatía sobre el destino final del Universo. Sabemos que las galaxias se alejan las unas de las otras, y por eso se dice que el Universo está en expansión. Pero también está claro que la fuerza de la gravedad tiende a hacer que los objetos experimenten una atracción. De manera que parecía que la cuestión dependía de una sola pregunta. La fuerza de gravedad generada por la materia que existe en el Universo, ¿será lo bastante fuerte como para compensar la expansión que este experimenta en la actualidad? Con materia suficiente en el Universo, la gravedad acabará por frenar completamente la expansión y al final todo volverá a acercarse hasta un colapso final. Pero si no, la expansión seguirá indefinidamente: cada vez será más lenta, aunque nunca llegará a detenerse.

Parecía un problema bien definido. Únicamente era necesario evaluar la cantidad total de materia del Universo. Fácil de decir, pero, evidentemente, muy difícil de precisar. Y de todas modos, ahora ya es igual, porque sabemos que las cosas son mucho más complejas.

Poco antes del final del siglo XX se hicieron mediciones más cuidadosas de la velocidad a la que se expandía el Universo, y el resultado descolocó a todo el mundo. No solo la gravedad no parece frenar la expansión, sino que el Universo... ¡se expande cada vez más deprisa! La expansión no se detiene. ¡Se acelera!

Pero si se acelera tiene que ser porque alguna fuerza la empuja a expandirse. Tiene que estar actuando una energía que actúa de manera contraria a la gravedad.

Esta energía que hasta hace poco no habíamos identificado es la que se ha llamado *energía oscura*, y ahora parece que es uno de los principales componentes del Universo. De hecho, la materia tal como la conocemos, las estrellas, los planetas, los minerales, nosotros mismos…, representa únicamente un 5% de lo que existe en el Universo. Bien se puede decir que somos muy especiales, porque la mayor parte de lo que existe está hecho por materia oscura o por energía oscura.

Ahora el trabajo es identificar y conocer esta misteriosa energía oscura. Se especula con la posibilidad de que forme parte de la misma estructura del espacio. Allí donde nos parece que reina el vacío más absoluto, en realidad está lleno de esta energía que solo se puede observar cuando se observa en una escala tan y tan pequeña que todavía queda muy lejos de nuestro alcance.

De momento todavía manejamos muchas especulaciones y pocos datos. No está claro si esta energía oscura es constante, va aumentando o va disminuyendo con el tiempo. Y conocer este detalle resulta interesante, entre otras cosas, porque de ello dependerá el destino final del Universo.

04 / 100

UNIVERSOS PARALELOS

Los autores de ciencia-ficción los han utilizado ampliamente y con diferentes grados de coherencia. Pero la cosmología se pregunta seriamente por la existencia de otros universos parecidos o distintos al nuestro. Y algunas conclusiones parecen apuntar que no es una idea descabellada.

Para empezar existe eso que llamamos *nuestro Universo*, que es básicamente la región del espacio que podemos observar. Y esta tiene un límite independientemente de los aparatos de medición que utilicemos. Es lo que se denomina horizonte observable. La idea es que si el Universo tiene catorce mil millones de años, no es posible ver nada que esté a una distancia superior a los catorce mil millones de años luz, simplemente porque la luz proviniente de más allá todavía no ha tenido la posibilidad de llegar hasta aquí. Y como nada puede ir más deprisa que la luz, no existe ninguna posibilidad de que nada de más allá de este horizonte de observación nos afecte de ninguna manera.

Esto no quiere decir que más allá no exista nada. Pero a efectos prácticos ya es otro Universo, que también tendrá su horizonte de observaciones. Y más allá puede haber otro Universo, y otro y…

Pero todavía podemos hablar de más posibilidades. Como el espacio se está expandiendo, podría haber sucedido que diferentes universos hubieran ido estallando como burbujas separadas por inimaginables distancias de espacio vacío. Esta idea surge de constatar una característica intrigante de nuestro Universo. Las magnitudes físicas importantes, como la masa de los protones, la intensidad de la fuerza electromagnética, la fuerza con que interaccionan los núcleos del átomo…, todo tiene unos márgenes muy estrechos. Un poco más arriba o más abajo, y no habría nada en el Universo. Los átomos no se formarían, o desaparecerían inmediatamente, las estrellas no

17

podrían brillar… Pero el caso es que los valores son exactamente los necesarios para que todo lo que vemos, incluidos nosotros mismos, pueda existir. Esto puede ser una casualidad increíble, o puede ser un hecho puramente estadístico derivado de la existencia de muchos universos, cada uno con diferentes leyes fundamentales.

Si suponemos que se van formando un número infinito de universos-burbuja, aislados los unos de los otros y cada uno con sus propias leyes físicas, muchos serán páramos donde no se formará materia, o donde los átomos serán demasiado estables para interaccionar y donde no pasará nada. Pero algunos han de tener características que den alegría a la historia. Algunos han de tener unas leyes de la física que permitan la aparición de estrellas, de planetas y de vida.

Desde este punto de vista, ya no es tan extraño que el nuestro sea un universo particularmente oportuno. Igual que pasa con la lotería, nos sorprendería mucho saber que solo se ha vendido un número y que precisamente ha tocado ese. Pero si se venden todos, sabemos que alguno tocará.

Lástima que todo esto sean razonamientos plausibles, pero no tengamos modo de comprobar que sean verdaderos.

05 / 100

LA INFLACIÓN CÓSMICA

A medida que la tecnología nos ha permitido observar zonas más y más alejadas, se ha ido poniendo de manifiesto una propiedad intrigante del Universo. Es prácticamente igual dónde miremos. La distribución de la materia presenta grandes variaciones a pequeña escala, pero, visto en general, el Universo es muy homogéneo. Por otro lado, cuando se midió la radiación de las fuentes de microondas (una suerte de eco del Big Bang), de nuevo se vio que estas eran casi completamente homogéneas.

Esta homogeneidad, aunque parezca sorprendente, es un problema. Porque el Universo está en expansión y su tamaño es tan grande que existen zonas que, en principio, no han podido estar en contacto entre ellas. Esto quiere decir que, teniendo en cuenta la edad del Universo, la luz que ha salido de un lugar todavía no ha tenido tiempo de llegar al otro extremo. Pero si la luz de un extremo no ha tenido tiempo de llegar al otro, quiere decir que nada, ninguna fuerza, ninguna influencia habrá podido llegar hasta allí. Por eso cuesta entender que sean tan similares ambos extremos del Universo. Si hubieran estado en contacto no habría problema. Las diferentes condiciones se habrían equilibrado y ya está. Pero es muy difícil asumir que sean exactamente iguales sin interacción alguna, es decir, por pura casualidad.

Esto fue un problema hasta los años ochenta del siglo XX, cuando se propuso que el Universo había experimentado un crecimiento muy importante durante los primeros instantes después del Big Bang. Al decir "primeros instantes", hablamos de 10^{-35} segundos, una fracción de tiempo inimaginablemente pequeña. Y en este tiempo el Universo habría aumentado su medida 10^{30} veces. De nuevo, una medida completamente inimaginable.

Si este fenómeno, esta "inflación", hubiera tenido lugar, se entendería la homogeneidad del Universo. Las diferentes regiones sí que se habrían equilibrado antes de la inflación. Así mismo, otros problemas que traían de cabeza a los físicos también se resolverían. La inexistencia de monopolos magnéticos, la curvatura nula del Universo y otras cuestiones que no dicen nada a los legos en esta materia, pero que quitan el sueño a los cosmólogos.

El problema es que no se sabe por qué motivo habría ocurrido esta inflación. La situación actual es que el Universo parece comportarse como si la inflación hubiera tenido lugar, pero las causas siguen siendo oscuras. No tenemos una teoría que explique qué empujó al Universo a pasar por estos estados. O mejor dicho, sí existen algunas teorías, pero todas se han creado expresamente para explicar lo que se cree que ocurrió. Se llaman teorías *ad hoc*, y este tipo de planteamientos no gustan demasiado a los científicos.

La inflación es un dolor de cabeza para los economistas y una tabla de salvación para los cosmólogos. Pero en la práctica parece que ni unos ni otros la entienden demasiado. Pueden constatarla, y poco más.

06 / 100

LA FORMACIÓN DE LAS GALAXIAS

No es una pregunta con una respuesta evidente. Sabemos que las estrellas, los planetas e incluso las grandes aglomeraciones de materia, como las galaxias o los cúmulos de galaxias, se mantienen unidos gracias a la fuerza de la gravedad. Poco a poco se van agrupando cantidades de materia que van creciendo, y esto hace que ejerzan mayor fuerza de gravedad, que, a su vez, lleva a captar más materia y, por tanto, a crecer. Cosa que les confiere mayor gravedad y, a su vez...

El origen del Universo parece que fue el Big Bang, donde la materia (y la energía y el espacio y el tiempo y todo) salió desperdigada en todas direcciones. Pero si aquella explosión hubiera repartido la materia de manera homogénea, de igual manera en todos lados, entonces ningún lugar ejercería más atracción gravitatoria que el resto, de modo que la materia no empezaría a agruparse en ninguna parte. Y si esto hubiera sido así, no se habrían formado ni las estrellas, ni las galaxias, ni siquiera las partículas de polvo.

Pero el caso es que sí que se dan todas estas acumulaciones de materia. Por tanto, la distribución que tuvo lugar en el momento de formarse el Universo no fue perfectamente homogénea. No hacía falta que fuera muy distinta. Variaciones de menos de una parte en diez mil en el momento de distribuirse hubieran sido suficiente para acabar dando lugar al Universo que conocemos.

Del Big Bang podemos saber algunas cosas con mediciones casi directas, y una de ellas es la determinación de la radiación cósmica de fondo. Una suerte de eco de la gran explosión que todavía baña el Universo proveniente de todas las direcciones. Su descubrimiento se consideró como una de las grandes demostraciones del Big Bang. Pero si desde el principio la materia y la energía no se habían repartido por igual, aquella radiación de fondo tenía que mostrar también pequeñas diferencias según la dirección que observáramos. Durante mucho tiempo, el problema fue que las variaciones previstas estaban más allá de la capacidad de nuestros instrumentos de medición. Esto siguió así hasta los años noventa del siglo XX, cuando con los datos del satélite COBE, se pudo hacer un mapa muy preciso de la radiación cósmica de fondo y se detectaron estas anomalías (y sus autores, de paso, ganaron el premio Nobel de física).

Así que, desde el principio, la distribución del Universo no fue completamente homogénea, y las pequeñas diferencias que existían permitieron que aparecieran las estrellas, que se agruparan en galaxias y que la vida tuviera un lugar donde aparecer. Falta por entender por qué motivo, al principio, aparecieron estas anomalías. Pero, de nuevo, para eso sería necesario entender el preciso momento del Big Bang. Un instante que todavía se nos escapa.

07 / 100

QUÁSARES

Los quásares fueron durante un tiempo uno de los grandes misterios de la astronomía. Ahora los conocemos mucho mejor, gracias a unos avances que han tenido lugar en relativamente poco tiempo, pero todavía quedan muchos puntos oscuros alrededor de esos extraordinarios objetos.

Los primeros quásares fueron descubiertos en los años cincuenta del siglo XX con los primeros radiotelescopios. Se dieron cuenta de que detectaban emisiones de radio en lugares donde los telescopios normales no veían nada. A medida que se fueron detectando un mayor número de este tipo de fuente de radio, se dieron cuenta de que su origen no estaba en amplias zonas del espacio, sino en zonas casi puntuales. Como si procedieran de una estrella, salvo que en aquel lugar no se localizaba ninguna estrella. Pero eso se llamaron inicialmente *fuentes de radio casi estelares*, y para abreviar quedó el nombre de *quasars*.

Ahora ya sabemos que, si no se veía nada, era porque los quásares están muy lejos, incluso desde el punto de vista de los astrónomos. De hecho, son los objetos más lejanos que conocemos. En el límite del Universo observable. Y en realidad no tienen el tamaño de una estrella. Ahora se piensa que se trata de galaxias enteras que tienen en el centro un agujero negro supermasivo. La radiación que detectamos es el efecto de este agujero negro absorbiendo cantidades inimaginables de materia, algunas del orden de miles de estrellas anuales.

Pero los quásares se encuentran muy lejos, y esto quiere decir que la luz que vemos ha estado millones de años viajando por el Universo antes de llegar a la Tierra. Como siempre que hablamos del espacio, este implica que lo vemos como eran entonces, hace unos trece mil millones de años en el caso del más lejano.

De manera que, cuando empezaron a formarse las galaxias, parece que muchas emitían cantidades fabulosas de radiación a causa de los monstruosos agujeros negros que tenían en su centro. Como es natural, al ritmo que devoraban las estrellas, no podían seguir quemando durante demasiado tiempo antes que se les acabara el combustible, así que poco a poco se fueron "apagando". Quizás nuestra galaxia fue un quásar en un pasado lejano. En cualquier caso, no existen quásares de menos de setecientos ochenta millones de años luz. Hace setecientos ochenta millones de años se apagaron definitivamente.

Pero, aunque ahora creemos saber qué son, todavía ignoramos cómo se formaron o qué fuerza empuja las tremendas emisiones en forma de haces de radiación que salen a lado y lado de los quásares.

Para ser objetos tan extremadamente lejanos sabemos muchas cosas, pero los quásares todavía esconden unos cuantos misterios.

08 / 100

CONSTANTES QUE QUIZÁS NO SON CONSTANTES

Cuando observamos el mundo que nos rodea, podemos medir las cosas; y así encontraremos algunas que presentan determinados valores que siempre son los mismos. Por ejemplo, la velocidad de la luz en el vacío, la carga del electrón o la fuerza de la gravedad. Estas constantes tienen determinadas unidades, como metros por segundo o columbios. Pero si se combinan estas constantes, aparecen otro tipo de cifras que ya no tienen unidades medibles. El caso es que estos valores tienen particular importancia, porque parece que están en los fundamentos de la estructura del Universo. Si tuvieran valores distintos, la materia quizás no se podría formar, o los átomos se desintegrarían demasiado pronto, o el universo no tendría energía suficiente para hacer nada. Por todo ello, se las llama *constantes fundamentales*, y hoy por hoy se conocen veinticinco.

Existe una, llamada constante de *estructura fina*, que caracteriza la interacción electromagnética y que tiene un valor de 0,007297352..., y se conoce como "alfa" o "α".

Si α fuera ligeramente menor, los enlaces entre átomos se romperían con mucha facilidad, toda la materia sería mucho más estable de lo que es, y cualquier reacción química sería mucho más complicada. Si por el contrario fuera un poquito mayor, la fuerza de repulsión entre protones sería demasiado grande y los átomos simplemente dejarían de existir.

El caso es que en 1996 se hicieron mediciones de luz proveniente de quásares muy lejanos y descubrieron que los fotones no se comportaban como era de esperar. Los elementos químicos pueden absorber la luz de manera particular, de manera que, estudiando esta absorción, podemos saber a través de qué elementos ha pasado la luz. Pues estos fotones provenientes de quásares mostraban unas absorciones anormales, y la explicación que parecía justificar aquella diferencia era que la constante α había cambiado ligeramente.

¿Una constante que no es constante? ¡Esto es contradictorio! Una contradicción que, en realidad, es mucho más grave porque se trata de una constante fundamental. Si realmente estas constantes no son constantes, el destino del Universo queda sellado. En cualquier momento puede desintegrarse sin más. ¡Puf! Evaporado.

De hecho, todas las leyes de la física dependen del hecho que las constantes sean como se cree que son. Si estas son variables, quiere decir que la gravedad puede alterarse, el tiempo puede cambiar, los átomos pueden desaparecer. Nada de lo que sabemos tendría demasiado valor, ya que mañana mismo podría ser distinto.

Ciertamente, la diferencia que midieron era muy pequeña. Unas pocas partes por millón. Parece poco, pero las implicaciones son tan importantes, que debemos estar completamente seguros. Por eso se refinan las mediciones para determinar si finalmente α es constante. Habría que hacer lo mismo con el resto de constantes fundamentales, pero las determinaciones todavía están todavía muy lejos de nuestra capacidad de medición.

09 / 100

AGUJEROS DE GUSANO

Cuando Einstein propuso la teoría de la relatividad complicó mucho la vida a los escritores de ciencia-ficción. De pronto existía una velocidad máxima que no se podía superar de ninguna manera. Y aunque la velocidad de la luz es fabulosa, el Universo es tan grande que incluso yendo a la velocidad de la luz son necesarios años, siglos o milenios para ir a determinados lugares. Una limitación importante y aparentemente infranqueable.

Pero pronto se encontró una solución que la teoría sí permitía. El mismo Einstein, junto con Nathan Rosen, propuso que el espacio podía presentar unas características que permitirían ir a lugares muy alejados cruzando unos extraños atajos. De la misma manera que una hoja de papel bidimensional se puede doblar en el espacio de tres dimensiones haciendo que partes alejadas de la hoja estén en contacto, así mismo podía pasar en nuestro espacio.

La idea sería que tuviera lugar un pliegue del espacio de tres dimensiones de manera que regiones alejadas estuvieran en contacto a través de este pliegue. En 1957 un físico puso el ejemplo de un gusano sobre una manzana. Si el gusano tiene que dar la vuelta a la manzana para ir al otro lado, tardará mucho tiempo. Pero si hiciera un agujero a través de la manzana, el camino sería más corto y el tiempo invertido, mucho menor. Este ejemplo dio lugar a la expresión *agujeros de gusano*.

No serían unos lugares fáciles de transitar. A un extremo del agujero de gusano habría un agujero negro, mientras que en el otro encontraríamos un agujero blanco. Un objeto inverso al agujero negro que expulsaría materia y que todavía no se ha observado. De hecho, se ha postulado que, en la práctica, un agujero blanco sería indistinguible de un agujero negro. En cualquier caso, el problema con los puentes imaginados por Einstein y Rose era que resultaban inestables. Quizás se podrían formar, pero inmediatamente se desvanecerían. Después se han ido proponiendo bases teóricas para saber si existen, y si se podrían aprovechar para moverse por el Universo sin sufrir por la velocidad de la luz. El problema es que todavía no está bien establecida una teoría de la relatividad cuántica que haga de marco teórico para esta problemática. Y los efectos cuánticos no se pueden ignorar cuando se habla de agujeros de gusano y cosas parecidas.

En realidad, las especulaciones con los agujeros de gusano llegan incluso a proponerlos como sistemas para viajar a otros hipotéticos universos. Fascinante, pero demasiadas hipótesis sobre otras hipótesis.

Al menos, por ahora estas hipotéticas entidades son de lo más útiles a los escritores de ciencia-ficción.

10 / 100

MATERIA Y ANTIMATERIA

Cuando un físico habla de materia, se refiere a una cosa muy concreta. Los átomos de la materia están formados por protones, neutrones y electrones. Los protones tiene carga eléctrica positiva; los electrones, negativa, y los neutrones no tienen carga. Pero las cosas pueden ser más complicadas. Puede existir un átomo formado por protones con carga negativa, llamados *antiprotones*, y electrones con carga positiva o positrones. Y estas partículas con la carga eléctrica contraria a la norma forman la antimateria.

Primero fueron especulaciones teóricas. Paul Dirac se dio cuenta de que, de la misma manera que se habían formado las partículas tal y como las conocemos, también se podían formar con la carga invertida. Era como pensar que si no existe ningún motivo para que el Universo sea diestro o zurdo, lo más probable es que sea las dos cosas al mismo tiempo.

Lo que era una pura teoría pasó a ser realidad cuando se detectaron las primeras antipartículas. No están libres a nuestro alrededor, sino que se crearon artificialmente haciendo chocar partículas y rayos cósmicos, que se desintegraban y generaban positrones. Después, poco a poco, se fueron detectando el resto de antipartículas.

Pero debemos tener en cuenta un pequeño detalle. Cuando una partícula choca con una antipartícula, las dos se aniquilan mutuamente. Se desintegran liberando una cantidad de energía que deja pequeña la energía nuclear que conocemos. Por este motivo, todo lo que vemos, todo lo que nos rodea, está hecho por materia y no por antimateria. Un poco de antimateria en nuestro mundo, ¡y se formaría un castillo de fuegos artificiales inolvidable!

Y entonces los físicos se preguntan: ¿cómo encontramos tanta materia y tan poca antimateria si las dos pueden existir (por separado) con igual probabilidad?

Algunos científicos creen que, cuando se creó el Universo, se generó un poco más de materia que de antimateria. Por cada diez mil partículas de antimateria se crearon diez mil una partículas de materia. La gran mayoría se desintegraron mutuamente, y lo que queda del Universo es únicamente la diferencia entre las dos formas.

Otra teoría dice que en realidad sí que existe la misma cantidad, pero está repartida, de manera que encontramos galaxias como la nuestra, hechas de materia, y otras que están hechas de antimateria. Como lo que nos llega es la luz, que no distingue materia y antimateria, no podemos saber de qué están compuestas las otras galaxias. Aunque, si fuera así, en algún lugar del Universo estarían chocando cantidades importantes de materia y antimateria, y sí podríamos detectar el espectacular efecto de este encuentro.

Por eso, de momento, seguimos buscando y preguntándonos qué habrá sido de la antimateria.

11 / 100

LA GRAVEDAD

La fuerza de la gravedad es una de las primeras que experimentamos los humanos. De pequeños, cuando nos damos de bruces porque las piernas no nos sostienen, ya descubrimos, dolorosamente, que estamos sometidos a una fuerza que nos empuja hacia el suelo. Fue el gran Isaac Newton, gracias a la famosa manzana, quien le dio cuerpo en forma de teoría de la gravedad.

De todos modos, lo que hizo Newton fue explicar cómo se comporta la gravedad, cómo la podemos medir y qué parámetros físicos sigue. Pero no explicó su origen. La gravedad existía y podíamos medir sus efectos según unas ecuaciones bien establecidas, pero la causa de la gravedad seguía siendo oscura.

El siguiente paso lo dio Einstein con su teoría de la relatividad general. Einstein explicó que la gravedad es la consecuencia del efecto que tienen los objetos para alterar la curvatura del espacio-tiempo. Un concepto realmente difícil de imaginar, pero que los datos experimentales confirmaron plenamente. Ahora sabemos que las ecuaciones que Newton describió eran solo un caso particular de un fenómeno más amplio, que Einstein puso de manifiesto.

Pero el caso es que todavía no acababa convencer. Cuando analizamos el comportamiento de las cosas, descubrimos que existen distintas fuerzas que pueden actuar sobre ellas: el electromagnetismo, las interacciones nucleares fuerte y débil o la gravedad. Los físicos ya han logrado comprender que casi todas estas interacciones son distintas caras de la misma cosa. Por eso existen teorías que unifican con un único concepto la mayoría de estas fuerzas. También han identificado las partículas subatómicas que participan en este. Y es que para que dos cosas interaccionen se considera que debe haber una partícula que haga de intermediario. Gluones para la interacción fuerte, fotones para la electromagnética, bosones para la fuerza débil...

Pero la gravedad todavía se mantiene al margen y es un problema comprender qué es lo que la genera. ¿Qué partícula, de alcance ilimitado, hace que dos cuerpos se atraigan en función de su masa? De momento ya le hemos puesto nombre a la partícula. Son los gravitones. Pero el caso es que todavía no se ha detectado ninguno, ni uno solo.

Y es importante hacerlo, porque contamos con dos grandes teorías de la física que permiten comprender el Universo: la teoría cuántica y la relatividad. El problema es que sabemos que son incompatibles. Si una es verdadera, entonces la otra tiene que ser errónea o estar incompleta. Y es que se dan situaciones en que ambas teorías ofrecen resultados opuestos.

Únicamente si se pudieran unificar en una "teoría de la gravedad cuántica", este problema quedaría resuelto. De manera que de momento habrá que seguir buscando los imperceptibles gravitones.

12 / 100

RAYOS CÓSMICOS ULTRAENERGÉTICOS

Nuestro planeta está sometido a muchas clases de radiaciones que provienen del espacio. Por suerte, entre la misma atmósfera, la capa de ozono y la magnetosfera buena parte de estas radiaciones no llegan a la Tierra. ¡Esto que nos ahorramos!

Pero estas radiaciones han resultado una fuente de información de primer orden para saber cosas que pasan en el Universo. Y entre estas radiaciones, un tipo particular de rayos cósmicos está resultando, además, un quebradero de cabeza.

Los rayos cósmicos son partículas (núcleos de átomos o electrones) que llegan a la Tierra provenientes de todas direcciones. Esto excluye que sean originadas por el Sol y se cree que provienen de supernovas u otros fenómenos estelares que pasan por nuestra galaxia.

El problema son un tipo determinado de rayos cósmicos, que llegan con unos niveles de energía extremadamente elevados. De hecho, mucho más que cualquier otra partícula que se haya detectado o generado en aceleradores de partículas y más de lo que la teoría dice que pueden llegar a tener.

El caso es que no conocemos ninguna fuente para estas partículas tan extremadamente energéticas dentro de nuestra galaxia. Por eso se cree que provienen de más allá. Pero entonces el camino que han hecho es mucho más largo y, a causa de las interacciones con la radiación cósmica de fondo que existe en todas partes, tendrían que haber ido perdiendo energía.

Pero no lo han hecho, y por tanto tenemos un problema. O encontramos un origen para explicar estos haces de radiación tan extremadamente potentes, o cambiamos la teoría.

Durante mucho tiempo esta problemática representaba un auténtico rompecabezas para los cosmólogos. A la Tierra llegaban unas partículas que no podían explicarse de ninguna manera, y ni siquiera se podía indicar de dónde venían. Pero hace poco se sugirió una posible fuente. Con un nuevo detector de rayos cósmicos que se construyó en Argentina se observó que algunos de estos haces parecían venir directamente de otra galaxia. Poco a poco se han ido identificando otros lugares de origen y siempre parecen estar cerca de galaxias muy activas.

Entonces propusieron que en el núcleo de estas galaxias se encuentran gigantescos agujeros negros que pueden representar el motor que genera estos rayos cósmicos. Esto quizás aclara su origen, pero todavía falta confirmarlo y comprender cómo consiguen llegar desde tan lejos con tanta energía. ¡Al menos, el velo de misterio que cubría estas partículas empieza a rasgarse!

13 / 100

ELEMENTOS SUPERPESADOS

El sueño de los antiguos alquimistas ya hace tiempo que se hizo realidad. Desde que se comprendió la naturaleza exacta de la materia fue evidente cómo fabricar oro. Ello es porque cada elemento químico se caracteriza básicamente por la estructura del núcleo de sus átomos. Así, el nitrógeno tiene siete protones y siete neutrones. Si tuviera un protón (y un neutrón) más, ya no sería nitrógeno, sino oxígeno.

El oro es un elemento más grande. Tiene setenta y nueve protones y ciento dieciocho neutrones. Por tanto, si queremos fabricar oro, bastaría con añadir un protón y un neutrón al platino. Fácil de decir, pero bastante complicado de hacer realidad. Es necesario un acelerador de partículas, unos detectores de elementos, una cantidad de energía muy importante, y al final se obtienen unos cuantos átomos de oro. Realmente, no sale a cuenta.

Pero el sistema se ha utilizado para fabricar elementos que no se encuentran en la naturaleza. El primer elemento fue el tecnecio, un nombre que ya nos indica su origen artificial. En 1936 un investigador llamado Emilio Segré pidió que le cedieran restos de un sincrotón, un aparato capaz de acelerar enormemente a los átomos y hacerlos chocar para generar reacciones nucleares. Con el tiempo partes del aparato se convirtieron en radioactivas y Segré encontró allí un elemento de cuarenta y tres protones y cincuenta y cinco neutrones que no se había podido encontrar nunca en la naturaleza. El motivo es que el tecnecio es radioactivo y se desintegra rápidamente. Todo el que había existido naturalmente en la Tierra ya se ha desintegrado, pero los choques entre átomos que habían tenido lugar dentro del sincrotrón habían generado de nuevo este elemento.

Después se fueron fabricando otros elementos, cada vez más grandes. La cuestión es que, cuanto mayor es el elemento, cuantos más protones tiene dentro del núcleo, menos estable es. Debéis haber notado que al principio hablábamos de nitrógeno y oxígeno, que tienen el mismo número de protones que de neutrones, pero el resto, con números de protones más grandes, contienen cada vez más y más neutrones.

Los elementos sintéticos más pesados fabricados nunca tienen una vida de pocos segundos y resultan extremadamente difíciles de detectar. Por ejemplo, el elemento ciento quince (todavía no tiene nombre y de momento se le llama *ununpentio*) se sintetizó... y se desintegró una cienmilésima de segundo después.

Pero la teoría dice que a partir de un determinado tamaño es posible que los elementos creados sean más estables. Los físicos hablan de las "islas de estabilidad", más allá del elemento ciento catorce. Y parece que es posible. En los años 2002 y 2005 se generó el ununoctio, que tiene ciento dieciocho protones y ciento setenta y seis neutrones. Se consiguieron fabricar... ¡tres átomos! Pero lo importante es que aguantaron unos milisegundos. Para este tipo de átomos superpesados esta es una vida larguísima y podría ser un primer paso dentro de la esperada isla de la estabilidad.

14 / 100

INDETERMINACIÓN CUÁNTICA

La teoría cuántica resulta particularmente extraña y difícil de imaginar. Nadie dijo que el mundo de las partículas subatómicas y el Universo en general tengan que ser fáciles de comprender, pero es molesto topar con hechos directamente opuestos a la experiencia de cada día. Y uno de los hechos más difíciles de digerir es el de la indeterminación cuántica, que fue puesto de manifiesto por el físico Werner Heisenberg en 1927.

Según este principio, es imposible medir simultáneamente determinadas variables físicas de una partícula, como, por ejemplo, la posición y la velocidad. Este no es un problema técnico o de precisión del instrumento, sino una propiedad de la naturaleza. Cuanto mejor midamos una cosa, menos datos tendremos de la otra.

Esto tampoco quiere decir que no podamos saber exactamente la posición o la velocidad de una partícula. Lo que no podemos saber son las dos cosas al mismo tiempo.

Y el caso es que determinados aspectos de la teoría cuántica contradicen la teoría de la relatividad, de manera que, aunque las dos son muy sólidas, una tiene que ser incompleta. Por ejemplo, una consecuencia de la indeterminación cuántica es que, cuando se mide una partícula, se hace realidad uno de los muchos posibles estados de esta partícula. Lo que decíamos: es algo completamente ajeno a nuestra experiencia, pero el mundo funciona así.

Fijémonos en un experimento mental que propuso el mismo Einstein. Imaginamos que se generan dos partículas y salen disparadas en direcciones opuestas. Si en un momento dado medimos una característica de una de estas partículas, también cobra forma esa misma característica de la otra partícula. Y esto ocurre instantáneamente y sin importar la distancia a la que se encuentren.

Dado que, según la teoría de la relatividad, nada puede ir más deprisa que la luz, el conflicto está servido.

Pero el caso es que este experimento mental ya se ha llevado a la práctica, y parece que sí se ha podido "teletransportar" información instantánea entre parejas de partículas entrelazadas. De manera que Einstein estaba equivocado y la rareza de la indeterminación cuántica se impone.

Pero todavía falta por comprender cómo "sabe" la otra partícula lo que le ha pasado a la primera cuando la hemos medido. Algunos científicos creen que la matemática dice que es así y con esto basta; pero otros intentan establecer nuevos marcos conceptuales para comprender mejor las incertidumbres cuánticas.

Un montón de trabajo con unos resultados todavía muy inciertos.

15 / 100

LA ESTABILIDAD DE LOS PROTONES

Los átomos están formados por protones, neutrones y electrones. Podemos encontrar otras partículas más exóticas corriendo por este Universo, pero las importantes son estas. Son las que forman los átomos que dan lugar a todo lo que vemos, a todo lo que conocemos y a todo lo que nos rodea, incluidos nosotros mismos.

Lo que pasa es que muchas partículas subatómicas tienen vidas cortas. Aparecen y se desintegran en un tiempo que puede ser más o menos corto. Por ejemplo, un neutrón fuera de un núcleo atómico dura unos quince minutos antes de desintegrarse.

Pero el caso es que el protón parece ser estable. No se han visto protones desintegrándose. El problema es que el hecho de no haberlo visto no quiere decir que no pase. De momento lo que se ha podido hacer es calcular la vida mínima que deben tener los protones. Y resulta que es muy larga. Como mínimo, la vida media de un protón tiene que ser superior a 10^{35} años. Un uno y treinta y cinco ceros detrás es un número absurdamente grande. Mucho más que la edad del Universo, aunque esto no nos tiene que sorprender. Si fuera menor, los protones de nuestro cuerpo estarían desintegrándose a un ritmo notable y seríamos bastante radioactivos, ¡así que difícilmente estaríamos aquí para preguntarnos estas cosas!

De todos modos, tenemos que insistir que este es un valor mínimo, pero podría ser que al final no fueran completamente estables. Y esto tendría una repercusión muy importante para comprender cómo puede ser el final del Universo. De hecho, existen teorías que intentan explicar el funcionamiento de todas las fuerzas del Universo que requieren que el protón no sea estable. La cuestión, claro está, es saber qué opinión tienen los protones de estas teorías.

En cualquier caso, los físicos siguen buscando. Como es muy poco probable observar un protón desintegrándose, lo que debemos hacer es observar muchos. Y, afortunadamente, podemos observar un gran número de protones. Lo que hacen los científicos es poner piscinas llenas de agua enterradas a gran profundidad, para evitar el efecto de las radiaciones del exterior, y colocar en ellas detectores que podrían observar la hipotética desintegración de un único protón dentro de la piscina.

Estos experimentos de momento no han conseguido detectar ninguno, pero la ausencia de pruebas no quiere decir que no pase. Simplemente, hay que seguir buscando hasta observar uno, o bien comprender con alguna teoría sólida que efectivamente es estable. En ausencia de estas dos cosas, la pregunta sobre la vida de los protones, y en consecuencia la del final del Universo, sigue sin responderse.

16 / 100

MÁS ALLÁ DE LOS *QUARKS*

Durante muchos siglos las ideas para explicar la diversidad de elementos que forman el mundo eran más filosóficas que científicas. Incluso cuando Demócrito habló de átomos, en realidad se refería a un concepto abstracto, teórico, que resultó ser acertado. Esto no lo pudimos comprobar hasta el siglo XIX. Entonces, a medida que la química hacía los grandes avances que caracterizaron aquella época, se pudo establecer que cada elemento lo forman átomos bien determinados, distintos de los átomos de otros elementos.

Con la física nuclear se pudo ir averiguando la estructura de los átomos. No eran compactos, sino que tenían una estructura hecha de partículas más pequeñas. Estaban los electrones, que se encontraban alrededor de un núcleo, mucho más pequeño y compacto, constituido por protones y neutrones. Lo que diferenciaba a cada átomo era su composición en protones y neutrones. Parecía que la estructura de la materia se había resuelto con una elegante simplicidad. Con solo tres partículas podíamos explicar todo el Universo.

Pero pronto los físicos vieron que las cosas eran más complejas. Cuando consiguieron manipular aquellas partículas se dieron cuenta de que las podían hacer chocar las unas con las otras y que se podían desintegrar. También vieron que de las colisiones salían otras partículas más exóticas con distintas características. Esto acabó con la imaginada simplicidad de los primeros tiempos. Aparecieron los muones, las partículas tau, los antiprotones, los piones…

Pero de nuevo emergió la simplicidad. Cuando se ordenaron todas las partículas conocidas, los físicos se dieron cuenta de que, en teoría, podrían responder a combinaciones de tres elementos todavía más pequeños. Y aquella especulación teórica permitía hacer alguna predicción. Si aquello era cierto, la estructura del protón no tenía que ser completamente homogénea. En el caso de que el protón no tuviera estructura interna, cuando se hiciera chocar un protón con un electrón, el resultado del choque sería distinto del que se observaría si lo formaban aquellas tres hipotéticas partículas con características diferenciadas. Y el caso es que, cuando se hizo el experimento, encontraron que confirmaba exactamente lo que preveía la teoría.

′ Aquellas partículas menores que los protones fueron llamadas *quarks*. Unos *quarks* que muy pronto pasaron a ser seis, con nombres bien curiosos como *arriba, abajo, extraño, encanto, cima* y *fondo*. Además, existen otras partículas, como los electrones, que no están formadas por *quarks*. Y también tenemos los *antiquarks*. De manera que, de nuevo, volvemos a tener muchas partículas y nos volvemos a preguntar si existe una simplicidad escondida que se nos escapa.

¿Quizás existe un nuevo escalón que bajar para encontrar los componentes últimos de la materia? Podría ser, pero hoy por hoy nadie lo sabe. En cualquier caso, y por si existieran, ya les hemos puesto un nombre: *preones*.

17 / 100

LA UNIFICACIÓN DE LAS LEYES DE LA FÍSICA

Una vistazo a un bloque de hielo y a un vaso de agua nos llevaría a concluir que son dos cosas distintas. Una es sólida, opaca y fría; la otra, líquida, templada y transparente. Y a pesar de ello, todos sabemos que se trata de dos estados distintos de la misma cosa: el agua. Pues un hecho parecido ocurrió cuando se compararon la electricidad y el magnetismo. Parecían dos manifestaciones distintas de la realidad, pero un gran físico, llamado Maxwell, demostró que de hecho eran dos formas de la misma cosa. Por eso hoy se habla de electromagnetismo.

Y aquello fue el punto de partida de una historia que se fue repitiendo. Cuando los físicos empezaron a estudiar la estructura atómica de la materia, observaron que existían distintas maneras de interaccionar. Una de estas interacciones permitía explicar por qué los protones de un núcleo no salen disparados, a pesar de que todos tienen carga positiva y, por tanto, se repelen entre sí. La fuerza que mantiene a los núcleos unidos actúa en distancias muy cortas y es muy potente, de manera que la bautizaron como *interacción nuclear fuerte* o *fuerza fuerte*. Por otro lado, al estudiar un tipo de desintegración radioactiva llamada *desintegración beta*, se dieron cuenta de que también existía un tipo de fuerza distinta, mucho más débil que la nuclear fuerte, y que, por tanto, bautizaron como *fuerza débil*. Finalmente, existe otro tipo de fuerza extraordinariamente importante y que sí que podemos experimentar, a diferencia de la fuerte y la débil, que no notamos en el día a día. Es la *fuerza de la gravedad*.

A parte de la intensidad, se dan más diferencias. La gravedad y el electromagnetismo tienen un alcance infinito, mientras que las fuerzas fuerte y débil lo tienen extremadamente reducido.

Y, a pesar de todo, en 1968 se demostró que el electromagnetismo y la fuerza débil eran, de nuevo, distintos aspectos de la misma cosa. A partir de entonces se habló de la *interacción electrodébil*.

43

Puestos a hacer, los físicos siguieron buscando el modo de unificar fuerzas, de manera que en los años setenta del siglo XX se desarrolló lo que llamamos modelo estándar, que agrupa también la fuerza fuerte. Un modelo que tuvo un éxito importante cuando se descubrieron algunas partículas subatómicas, como los bosones W y Z, los *quarks* cima y encanto, los gluones y, recientemente, el bosón de Higgs. Todas eran partículas desconocidas pero que, según aquella teoría, tenían que existir.

Lo que hasta ahora se ha resistido es la última fuerza, la gravedad. Todavía no se ha encontrado la manera de construir una teoría que englobe todas las fuerzas conocidas en un solo marco conceptual. Cuando se consiga, se habrá hecho realidad el gran sueño de los físicos: la Teoría del Todo.

18 / 100

EL TIEMPO

El tiempo es de aquellas cosas que todos experimentamos, pero que cuesta definir. Durante mucho tiempo se consideró un fenómeno independiente de todo. El tiempo pasaba de manera monótona, constante, independiente. Así fue hasta que Einstein demostró que no, que el tiempo puede ir más o menos deprisa, que se puede llegar a detener, que puede ir a distinta velocidad por distintos observadores y que, de hecho, no deja de ser una dimensión más del espacio. En realidad, el tiempo no existe sin el espacio. Por este motivo no tiene demasiado sentido preguntarse qué existía antes del origen del Universo. Sin Universo el tiempo tampoco existía. Y por eso desde entonces se habla del *espacio-tiempo*.

Son conceptos que cuestan imaginar, pero las matemáticas eran claras y los experimentos les han dado la razón. Se han hecho mediciones en objetos que se movían unos respecto a otros y se ha determinado el cambio en el tiempo. Hay partículas que viven unas pocas fracciones de segundo, a no ser que se muevan muy deprisa. En ese caso su existencia es mucho más larga. O no. En realidad, es más larga para nosotros, pero para ellas la duración es la misma. Lo único que pasa es que su tiempo y el nuestro son distintos.

Por tanto, los físicos están plenamente convencidos de ello. El tiempo es simplemente una más de las dimensiones de nuestra realidad. Por eso, para identificar alguna cosa, debemos especificar las tres coordenadas del espacio y la del tiempo.

Pero, de todos modos, es evidente que el tiempo es una dimensión muy distinta de las otras tres, las clásicas que relacionamos con el espacio. ¿Por qué motivo el Universo ha de tener cuatro dimensiones una de las cuales es tan absolutamente distinta del resto?

Aunque se dan más hechos intrigantes. A medida que se fueron desarrollando las leyes que explican la realidad se observó un detalle desconcertante. En la mayor parte de los casos, el tiempo no tenía ningún motivo para ir hacia delante. Si el tiempo diera marcha atrás, las cosas podrían ser perfectamente posibles. Sería una situación extraña, pero no encontramos motivos físicos que lo impidan. Por ejemplo, si el tiempo comenzara a ir hacia atrás, la rotación de los planetas alrededor del Sol seguiría cumpliendo las leyes de la física sin ningún problema.

El caso es que no lo hacen, y la causa parece que es termodinámica. La segunda ley de la termodinámica nos dice que la entropía, una magnitud que nos da idea de hasta qué punto es desordenado un sistema cerrado, siempre tiene que aumentar. Esto quiere decir que el tiempo va en la dirección que marca esta segunda ley.

Al menos, alguna cosa parecemos comprender del tiempo, a pesar de que sea tan distinta del resto de dimensiones.

EL SISTEMA SOLAR Y LA TIERRA

19 / 100

LAS MANCHAS SOLARES

Según los antiguos griegos, el dios Helios, hijo de los titanes Hiperión y Tea, conducía un carro de oro a través del cielo. El brillo que emanaba iluminaba la Tierra hasta que, al anochecer, se escondía detrás del océano. Pero el dios no debía de ser del todo perfecto, porque hace tiempo que sabemos que su rostro presenta manchas que van y vienen. Son las manchas del Sol.

Las manchas solares son un buen ejemplo de la relatividad de las cosas. Cuando las vemos en fotos del Sol parecen oscuras, las vemos oscuras y las llamamos *manchas*, pero en realidad son muy brillantes. Lo que pasa es que brillan menos que la zona que las rodea, y es este contraste lo que les hace parecer oscuras.

Esto explica una aparente paradoja. Al contrario de lo que parece, el Sol emite más radiación durante el periodo en que vemos las manchas solares. ¿El motivo? Pues que la manchas acostumbran a ir asociadas a *fáculas*, que son zonas mucho más brillantes que el resto. Al final, la suma total de energía emitida por el Sol resulta mayor en los periodos en que observamos muchas manchas.

Ahora ya sabemos que las manchas tienen una evolución de varias semanas, en las que empiezan a aparecer por parejas en primer lugar las fáculas. Después se forman las zonas oscuras, que crecen hasta llegar al máximo en unos diez días, mientras a su alrededor se forman otras manchas más pequeñas.

Lo más interesante es que se han observado distintos ciclos en la generación de las manchas. El más famoso es el ciclo de once años, que caracteriza también el ciclo de actividad solar. Pero, además, existe un ciclo de ochenta años sobrepuesto al de once, de manera que las variaciones pueden ser importantes. Unos ciclos interesantes, pero para los cuales todavía no se ha dado una explicación clara. En realidad ignoramos por qué motivo el Sol presenta estos ciclos.

Como tenemos registros de las manchas desde hace siglos, se ha podido seguir la evolución de la actividad solar. Y aquí destaca un fenómeno curioso: lo que se llama *mínimo de Maunder*. Un periodo de setenta años, entre 1645 y 1715, en que no se produjeron manchas solares. Edward Maunder fue quien se dio cuenta, y demostró que no era por déficit de las observaciones. Durante aquel periodo tampoco se produjeron auroras boreales y, curiosamente, es cuando tuvo lugar lo que se conoce como *pequeña edad de hielo*, un periodo en el que hubo los inviernos más fríos de los que se tiene registro.

Curiosamente, durante el último ciclo, la época de mínima actividad se prolongó inesperadamente. Entre el 2012 y el 2014 estamos llegando al máximo, pero la actividad está siendo mucho menor que en otros ciclos y el caso es que no tenemos ni idea del motivo. Parece evidente que los ciclos solares aún nos reservan unas cuantas sorpresas.

20 / 100

LA VOLTERETA DE URANO

A medida que hemos ido explorando el sistema solar se han ido descubriendo una infinidad de fenómenos sorprendentes, extraños y misteriosos. Cada planeta ha resultado distinto del resto, cada satélite es una novedad que sorprende a los investigadores y cada misión abre nuevas puertas al conocimiento de maneras del todo inesperadas.

Pero algunos hechos sorprendieron a los astrónomos mucho antes de que despegara el primer cohete. Todos los planetas del sistema solar tiene dos movimientos principales. Uno, el que da la duración del año, es el de la translación alrededor del Sol. El otro es el movimiento de rotación. Los planetas giran alrededor de su eje y esto nos da la duración del día particular de cada planeta.

Podemos imaginar que los planetas giran como peonzas a medida que se van moviendo alrededor del Sol. Esta imagen es aproximadamente correcta, excepto para Urano.

Urano, ciertamente, también gira alrededor de su eje en un movimiento de rotación que genera un día de una duración de diecisiete horas y cuarto. Pero este movimiento lo hace con el eje apuntando casi directamente al Sol. Como si fuera una peonza que, en lugar de ir girando, fuera rodando.

Esto tiene algunas consecuencias curiosas. Durante medio año uraniano el Sol ilumina el hemisferio norte, mientras que el sur está completamente a oscuras. Como el año de Urano dura 84 años terrestres, quiere decir que habrá 42 años sin luz en cada hemisferio.

Si fuera un planeta habitable, este hecho no se notaría demasiado respecto a las temperaturas. El Sol está tan lejos que la diferencia sería únicamente de un par de grados. Y, a doscientos bajo cero, dos grados arriba, dos grados abajo, no marcan la diferencia.

Pero, ¿por qué motivo Urano debe tener un movimiento tan distinto al resto de planetas? Este es uno de aquellos fenómenos en los que se da un consenso, pero que, en realidad, no se conoce. Se acepta que en el origen del sistema solar, cuando los planetas apenas se habían formado, Urano chocó con algún objeto lo bastante grande (de la medida de la Tierra, al menos) como para voltearlo.

Es posible, pero lo cierto es que no tenemos una completa seguridad. No tenemos ninguna prueba de este supuesto impacto salvo el extraño comportamiento de Urano. Lo que pasa es que tampoco tenemos ninguna teoría mejor, de manera que la idea del impacto con otro planeta que pasaba por allí la damos por aceptable, hasta que tengamos más datos o mejores ideas.

En cualquier caso, si fue por esto, el espectáculo del impacto debió ser digno de ser observado. ¡Y es que voltear un planeta gigante no es algo que suceda todos los días!

21 / 100

¿CUÁNTOS PLANETAS EXISTEN
EN EL SISTEMA SOLAR?

La respuesta estricta a la pregunta es sencilla. Encontramos ocho planetas. Mercurio, Venus, Tierra, Marte, Júpiter, Saturno, Urano y Neptuno. Desde 2006 Plutón ya no es oficialmente un planeta. La Unión Astronómica Internacional lo quitó de la lista de planetas y pasó a ser el miembro principal de la categoría de "planetas enanos". El motivo de esta exclusión es razonable. Poco a poco se han ido identificando otros objetos que se mueven alrededor del Sol y que son parecidos a Plutón, o incluso más grandes. De manera que o bien podríamos tener una lista de ocho planetas y después otros objetos grandes, o bien una lista de centenares de planetas.

Y aquí viene la pregunta: ¿cuántos objetos lo bastante grandes como para considerarlos al menos planetas enanos encontramos alrededor del Sol? Pues parece que muchos más de los que pensábamos. Además de Plutón, ya se conocen Sedna, Ixion, Orcus, Quaoar, Varuna, Haumea, Makemake o Eris. Este último es más grande que Plutón. Y la lista parece que acaba de empezar. Con toda seguridad, a medida que vayamos mejorando el sistema de rastreo, irán apareciendo otros planetas enanos y objetos parecidos. En realidad ya tenemos muchos más identificados que todavía no tienen nombre oficial y se identifican por números y cifras, como (55565) 2002 AW197 o (225088) 2007 OR10.

Todos estos nombres están tan alejados del Sol que su temperatura nunca sube mucho más de los doscientos grados bajo cero. De hecho, desde ellos el propio Sol debe verse como una estrella más. La más brillante, naturalmente, pero nada a ver con lo que nosotros estamos acostumbrados a ver durante el día.

La clave de la existencia de tantos planetas enanos parece que son dos acumulaciones de materia que rodean al Sol más allá de Neptuno. Uno es el cinturón de Kuiper, y el otro, muchos más lejano, es la nube de Oort. De allí provienen los cometas que de vez en cuando aparecen orbitando el Sol y quizás también muchos meteoritos que tiene órbitas abiertas. Objetos que llegan, pasan cerca del Sol y se pierden para siempre.

Ahora mismo empezamos a conocer su existencia, pero también la Luna fue inalcanzable durante siglos y ahora ya la hemos visitado. Marte será el siguiente paso, de manera que quizás algún día podremos visitar aquellos mundos lejanos.

En cualquier caso, parece claro que el sistema solar dispone todavía de muchos rincones por explorar. Muchos más de los que imaginábamos hace pocos años.

22 / 100

EL ORIGEN DE LA LUNA

Vivir en la Tierra tiene muchas cosas fantásticas, y en un lugar destacado en la lista de hechos que nos hacen afortunados está la presencia de la Luna. Si no fuera por la Luna nuestro planeta sería un lugar bastante menos interesante. No habría mareas, muchos ciclos biológicos no existirían, no disfrutaríamos de noches románticas y seguramente la astronomía se habría desarrollado mucho menos, porque, sin la Luna, el cielo de noche resulta infinitamente menos interesante.

Además, si miramos el resto de planetas del sistema solar notaremos que es un hecho excepcional. El resto de satélites son mucho más pequeños que el planeta alrededor del cual giran. Plutón y Caronte podrían ser una excepción, pero aquello es más bien un planeta doble.

El caso es que no está demasiado claro cómo llegó la Luna a girar alrededor de la Tierra. Entre las teorías más sólidas estaba la que defendía que había sido capturada, ya completamente formada, por la Tierra. Pero esto es muy improbable, ya que, en un encuentro entre dos objetos de medidas tan grandes, sencillamente los dos se habrían desviado de su camino.

También se propuso que parte del material de la Tierra fue expulsado por la rotación del planeta. Esto explicaría algunas similitudes en la composición de la Tierra y la Luna. Pero para que esto fuera posible, sería necesario que la rotación del planeta fuera mucho más rápida de lo que nunca ha sido. ¡Se necesitaría un día de menos de tres horas!

Que se hubiera formado simultáneamente a medida que el material de la nebulosa primitiva se iba condensando sería posible, pero esto no explica el origen de la órbita lunar o su inclinación.

Finalmente, en los años ochenta del siglo XX se propuso que un gran objeto, del tamaño del planeta Marte, chocó con la Tierra. El material expulsado por la colisión fue el que se condensó y formó la Luna. El planeta responsable se debía encontrar en la misma órbita que la Tierra y, al alcanzar determinado tamaño, la colisión fue inevitable. Como el impacto debía afectar sobre todo a la corteza de la Tierra, esto explicaría por qué la Luna no tiene, igual que nuestro planeta, un núcleo de hierro.

Hoy por hoy esta es la hipótesis que tiene mayor aceptación, pero todavía quedan puntos oscuros. Algunos cálculos indican que el planeta que chocó tendría que haber sido más grande de lo que se pensaba al principio. Y la composición de algunos elementos radioactivos que se analizaron gracias a las misiones Apolo no resultaron como preveía la teoría.

De momento, y a falta de una idea mejor, el origen del impacto es el más aceptado. Un origen espectacular que nos ha regalado algunas de las mejores noches que podamos imaginar.

23 / 100

TUNGUSKA

Lo que se ha llamado *evento de Tunguska* es de aquellas cosas que gustan a los amantes de los extraterrestres, las conspiraciones y los misterios sin resolver. Pero también resulta de lo más intrigante para la ciencia por las implicaciones que puede tener.

A las siete y cuarto de la mañana del día 30 de junio de 1908 tuvo lugar una gran explosión aérea en la región de Tunguska, en medio de Siberia. La explosión fue tan grande que incluso los observatorios meteorológicos de Inglaterra notaron el cambio brusco de presión atmosférica. Algunas personas cayeron a causa de la onda expansiva a centenares de kilómetros de distancia, y en un área de dos mil kilómetros cuadrados los árboles se quemaron. Se ha calculado que la energía liberada fue entre los diez y los quince megatones.

El zar de Rusia no consideró necesario enviar una expedición para comprobar qué había ocurrido, y hasta después de la revolución nadie fue a investigar aquel fenómeno. Además de encontrar una zona de cincuenta kilómetros devastada y con todos los árboles quemados y tumbados en forma radial, poco más se pudo sacar en claro. Después se han hecho otras expediciones, pero seguimos sin tener demasiadas pistas. Algunos testimonios afirmaron que vieron caer una cosa que "brillaba como el Sol". También se detectaron, muchos años después, restos de cristales ricos en iridio y níquel.

No hay que pensar en bombas atómicas, aunque tiene toda la pinta, porque en aquellos tiempos todavía no se conocían, de manera que las hipótesis se enfocan hacia un impacto con algún objeto proveniente del espacio. Pero, ¿cuál?

Un asteroide clásico tendría que haber dejado un cráter como Dios manda, y el caso es que no se ha encontrado ninguno. Algún informe afirma que en un lago cercano puede haber un cráter secundario, pero falta el cráter principal, y esto es de lo más sorprendente. También se ha hablado de un cometa hecho de hielo que se vaporizó al entrar en la atmósfera. Esto, sin embargo, no explica los cristales localizados. Otras hipótesis más extrañas incluyen un fragmento de antimateria, un cometa de deuterio que generó una bomba de fusión natural al chocar, un microagujero negro… Pero todas estas ideas tienen demasiadas contradicciones y puntos oscuros.

Esto nos recuerda el bombardeo cósmico al que la Tierra está sometida desde siempre. Asusta pensar qué habría pasado si el objeto llegado del espacio exterior hubiera caído sobre una zona habitada. Y, además, Tunguska es el más conocido, pero otros fenómenos parecidos han pasado en tiempos más cercanos. Uno sobre el Mediterráneo, en 2002, fue el más peligroso. Y no por cuestiones astrofísicas, sino geopolíticas. Si hubiera caído unas horas más tarde, lo habría hecho sobre Cachemira, en plena escalada de tensión entre India y Pakistán.

Si uno de los dos países hubiera pensado que el otro utilizaba armamento nuclear…

24 / 100

LA DINÁMICA DEL INTERIOR DE LA TIERRA

Estudiar el interior de la Tierra resulta particularmente desesperante, porque se trata de una cosa que está aquí al lado y, sin embargo, resulta tan inaccesible. Y no es que tengamos pocos datos sobre la estructura interna de nuestro planeta. Los geólogos han afilado la imaginación y han utilizado herramientas cada vez más sofisticadas para averiguar qué tenemos bajo los pies. Ahora ya sabemos que nuestro planeta tiene una estructura parecida a la de un melocotón. Parece una tontería, pero si miramos un melocotón, estamos viendo un modelo a escala de la Tierra. La piel sería la corteza, que es la parte que mejor conocemos. La parte comestible del melocotón es el manto, hecho de un material rocoso semifluido, y a partir de dos mil novecientos kilómetros de profundidad, empieza el núcleo, el hueso del melocotón, que a su vez se divide en dos partes, una exterior fluida y otra interior sólida.

Los materiales del interior se mueven y esto genera la magnetosfera, el campo magnético que nos protege de las radiaciones provenientes del espacio exterior. Y estos movimientos también deben ser responsables del desplazamiento de las placas tectónicas que forman la superficie del planeta.

Todo esto lo sabemos gracias al estudio de las ondas sísmicas. Las vibraciones que hace el planeta cuando se producen terremotos y que pueden ser detectadas por los geólogos. Determinando a qué velocidad se mueven, cómo se desvían o cuándo desaparecen, se ha podido obtener una cantidad fabulosa de información. Pero el caso es que todavía hace falta mucha más.

Si miramos los esquemas nos damos cuenta de que son relativamente poco precisos. Tenemos bien establecidas las placas tectónicas y la corteza del planeta, pero, a partir de aquí, el dibujo pierde mucho detalle. Los análisis de las rocas fundidas que salen por los volcanes son representativas de los primeros setecientos kilómetros del manto, pero del resto ya no tenemos datos directos. Y setecientos kilómetros de profundidad puede parecer mucho, pero en un manto de casi tres mil kilómetros representa un porcentaje más bien escaso.

Es un planeta constituido por distintas capas, con distintas composiciones, densidades, temperaturas e incluso parece que diferentes velocidades de rotación. Entonces debemos buscar qué composiciones de elementos pueden explicar el comportamiento de estas capas. Por ejemplo, se acepta que el núcleo interno está hecho principalmente de hierro, pero sabemos que tiene que disponer de otros elementos. Níquel seguramente, pero también se han propuesto el cesio, el mercurio, el uranio, e incluso el oro. La cuestión es: ¿cómo podemos estar completamente seguros?

Pues habrá que afinar todavía más las técnicas disponibles. Cada composición tiene que dar unos movimientos de las ondas sísmicas sutilmente diferentes. Diferencias que todavía están más allá de nuestra capacidad de detección, pero, con suerte, no será por mucho tiempo.

25 / 100

PREDECIR LOS TERREMOTOS

Pocas veces la naturaleza muestra su fuerza con tanta violencia como en el caso de un terremoto de magnitud importante. Si la tierra firme deja de ser firme, ¿qué podemos hacer los humanos? Una fuerza capaz de mover montañas o de cambiar el curso de los ríos en pocos minutos, ¿qué no hará con nuestros débiles edificios y construcciones?

Por eso, desde la antigüedad más remota se trata de predecir estos fenómenos devastadores. Pero el caso es que, a pesar de que el conocimiento que tenemos de ellos ha aumentado muchísimo, hoy todavía no es posible poner una cruz en el calendario y decir: este día, en este lugar, habrá un terremoto de gran magnitud.

Pero sí tenemos más información que nunca. Todavía no podemos saber el lugar y la magnitud, pero sabemos que la mayoría tendrán lugar en determinadas áreas. Por ejemplo, la zona llamada el cinturón de fuego, que engloba la costa oeste de América y la costa este de Asia, sufrirá más de las tres cuartas partes de los terremotos de los próximos años. Y otra zona caliente es una línea que empieza en el este del Himalaya y termina en el Mediterráneo.

No es demasiado, pero tendría que servir para que las construcciones que se hicieran en estas zonas fueran particularmente adaptadas a los movimientos sísmicos. Algunos países (Japón, Estados Unidos) lo tienen muy en cuenta. Otros no, por desgracia, y después llegan los lamentos.

El caso es que sabemos que poco antes de un terremoto suceden algunas cosas que nos pueden dar pistas. Existen cambios en el fluidos de gases alrededor de las fallas terrestres, se modifica la velocidad de las ondas sísmicas, cambia el nivel de agua de los pozos, se alteran las medidas del campo electromagnético, aumenta el número de micromovimientos sísmicos... El problema es que no todos estos fenómenos se dan siempre, y muchos pueden darse sin que después tenga lugar el gran terremoto.

Algunos de estos hechos son los que detectan los animales, que a veces tienen comportamientos extraños antes de un terremoto. Lo que pasa es que ellos también se equivocan con frecuencia. En el caso de los animales no es grave. Si tiene un comportamiento extraño pero después no pasa nada, nadie piensa en ello dos veces. La cosa es muy distinta si es un sismólogo quien da un aviso equivocado.

Por eso, los intentos de predicción han tenido éxito alguna vez, pero también han sufrido estrepitosos fracasos en muchas ocasiones. Simplemente todavía no dominamos suficientemente la dinámica terrestre como para predecir este tipo de fenómenos con el grado de precisión que demanda la sociedad.

26 / 100

EL MOHO

Ya he dicho que observar un melocotón es una buena manera de imaginar cómo es nuestro planeta. El hueso sería el núcleo y la parte comestible, el manto. Finalmente, la piel representaría la corteza de la Tierra. La gracia de este modelo es que nos permite visualizar lo poco que hemos conseguido penetrar en el interior del planeta. Todavía no se ha podido llegar a cruzar del todo la piel de este melocotón gigantesco.

Esta interfase entre la corteza y el manto se llama *discontinuidad de Mohorovicic*, o el *Moho* (pronunciado 'mojo'), en honor a Andrija Mohorovicic, el científico que dedujo la existencia de esta a partir de datos de los sismógrafos.

La llamamos *discontinuidad* porque la composición de las rocas cambia a partir de aquel lugar. Y como la composición y la densidad son diferentes, las ondas generadas por los terremotos se modifican al pasar por allí, igual que la luz se desvía al entrar en el agua.

Pero los datos que tienen los geólogos sobre el interior del planeta siempre son indirectos. Y lo mejor para conocer algún lugar es ir y mirarlo de cerca. El problema es que en un melocotón la piel parece fina, pero en el caso de la Tierra hablamos de agujerear unos cuantos kilómetros de roca. Y esto no es nada fácil.

Hasta ahora, el intento más logrado es el que llevaron a cabo los antiguos soviéticos, en lo que se llamó Perforación Superprofunda de Kola. La idea era llegar hasta el Moho para obtener muestras, pero no pudo ser. Llegaron hasta los 12.262 metros de profundidad, que no está nada mal. Pero el Moho se encuentra a unos treinta y cinco kilómetros de profundidad, de manera que solo se ha hecho un tercio del camino. Y si pensamos en toda la Tierra, casi ni la hemos arañado.

Quizás sería mejor hacer la perforación desde el fondo del mar. Allí el Moho está solo a unos ocho kilómetros, pero las complicaciones para lograr una perforación de estas características en el fondo del mar son formidables.

El caso es que los soviéticos fueron perforando y al final consiguieron llegar a la cota, nunca superada, de los –12.262 metros, pero un imprevisto obligó a detener la perforación en 1994. Los cálculos preveían un aumento gradual de la temperatura, y en aquel nivel esperaban trabajar a alrededor de 100 ºC. Pero la realidad fue que ya habían alcanzado alrededor de 180 ºC y, si hubieran seguido así, calcularon que al final la temperatura rondaría los 300 ºC. Demasiado elevada para trabajar en condiciones, de manera que se quedaron allí.

Así que serán necesarias nuevas tecnologías y mucho dinero para poder llegar físicamente hasta el Moho y aprender, en directo, más cosas del interior de la Tierra.

27 / 100

OSCILACIONES DEL CAMPO MAGNÉTICO TERRESTRE

La brújula es un invento extraordinario. Una simple aguja que nos indica en cualquier lugar del mundo dónde está el norte y, al mismo tiempo, un ejemplo genial de cómo un instrumento muy pequeño puede aprovechar un efecto natural inmenso.

Lo que hace la brújula es orientarnos según el campo magnético de la Tierra. Y es que la Tierra se comporta como un imán de tamaño planetario, seguramente por su núcleo de hierro, que se encuentra en movimiento de rotación. Esto no solo lo aprovechamos los hombres. Muchos animales detectan el campo magnético y lo utilizan para orientarse. Además, así se genera la magnetosfera, un escudo protector ante las radiaciones provenientes del espacio.

Ahora bien. Vemos un detalle de todo esto que resulta intrigante. Es cierto que la Tierra es como un imán, pero a veces este imán se vuelve loco. Existen periodos en los que el Polo norte magnético se debilita, desaparece… ¡y vuelve a aparecer donde ahora se encuentra el Polo sur! Es un fenómeno conocido como *inversiones del campo magnético*.

Sabemos que ocurren por las marcas que deja la geología. Cuando un volcán escupe lava, esta se solidifica y queda convertida en una piedra muy característica. Si esta lava contiene compuestos de hierro, los cristales que forme se orientarán según el campo magnético terrestre mientras la lava sea líquida, pero una vez solidificada quedarán para siempre apuntando hacia el norte.

Pues se ha observado que, en distintas épocas, el norte y el sur magnéticos se intercambian posiciones. Esto sucede aproximadamente cada doscientos cincuenta mil años, aunque este es un valor medio y la variación es bastante amplia. Por ejemplo, ahora hace casi ochocientos mil años que no ha girado.

Parecen periodos muy largos, pero en geología la unidad de medida habitual es el millón de años, de manera que estos cambios resultan "relativamente" frecuentes.

El caso es que todavía no sabemos por qué motivo ocurre este fenómeno. Simplemente podemos constatar que en épocas pasadas ha sucedido. En realidad es posible que estemos cerca de una inversión, porque en el siglo que hace que estamos midiendo la intensidad del campo terrestre se ha observado que está disminuyendo progresivamente. Ahora mismo es un 10% menor que a principios del siglo XX.

La otra cuestión es cómo nos afectaría si nos encontráramos en medio de una inversión. La primera consecuencia sería, obviamente, que las brújulas dejarían de funcionar. Pero lo más inquietante es que el escudo de la magnetosfera desaparecería durante un tiempo. Unos cuantos siglos, quizás. Muy poco en términos geológicos, pero mucho tiempo para nosotros.

Así que, la próxima vez que tengáis una brújula a mano, recordad que somos afortunados por poderla utilizar. Y es que llegará un momento que no marcará ningún lugar.

28 / 100

RAYOS EN FORMA DE BOLA

Aunque es muy difícil observarlos, se hicieron famosos cuando aparecieron en la portada de *Tintín y las siete bolas de cristal*. Pero el caso es que sí se forman, ocasionalmente, en algunas tormentas.

En realidad, y a pesar de lo que pueda parecer, no son rayos. Aunque actualmente todavía no está claro qué son exactamente, al menos sí sabemos lo que no son. Lo que se puede observar es una esfera luminosa, de tamaño variable, entre unos pocos centímetros y hasta casi un metro, que se va moviendo durante el tiempo suficiente para dejar del todo impresionados a los observadores. En realidad nunca duran más de un minuto, y lo normal es que se trate de unos pocos segundos, pero el movimiento errático, los colores rojos o anaranjados, el olor de azufre y ozono que dejan y el ruido crepitante que producen mientras duran lo convierten en un fenómeno difícil de olvidar.

Y estos "rayos" pueden acabar de manera violenta, en un estallido de energía, o bien irse apagando, como si cedieran lentamente la energía.

El problema es que son poco frecuentes. Hay quien habla de uno de cada diez mil rayos en una tormenta normal. Por eso las observaciones son tan escasas. Pero sin observaciones y sin capacidad para reproducirlos en un laboratorio, los científicos lo tienen difícil para comprender este fenómeno. De hecho, durante mucho tiempo se dudaba incluso de su existencia.

Ahora existen algunas teorías sobre su naturaleza y formación, pero todavía ninguna que haya sido comprobada y, mucho menos, aceptada. Se habla de esferas de aire caliente cerradas sobre sí mismas, de la interacción de partículas cósmicas con los rayos convencionales, de zonas de corriente eléctrica en forma de campos cerrados sobre sí mismos, de generación de plasma o de gases ionizados...

Muchas teorías, pero pocos datos. Por eso debemos construir redes de observación que permitan acumular información suficiente, más allá de la anecdótica de aquel que se ha encontrado con una de estas bolas incandescentes. También es posible que un día alguien tenga una idea brillante y las pueda reproducir en el laboratorio. Ya se ha llevado a cabo algún intento con microondas, pero todavía no llega al nivel de los rayos en forma de bola que se forman de manera natural.

En cualquier caso, la próxima vez que me encuentren en una tormenta tendré la cámara a punto. ¡Nunca se sabe qué puede caer del cielo!

29 / 100

¿CUÁNTAS PERSONAS PUEDEN VIVIR
EN LA TIERRA?

A finales del siglo XVIII Thomas Malthus puso de manifiesto un hecho preocupante. La población humana tiene tendencia a crecer exponencialmente, y cada pocos años duplica su número. Por el contrario, los recursos de que disponemos no pueden crecer a este ritmo. En consecuencia, si no se aplican estrictas medidas para mantener la población en un número controlado, el desastre será inevitable. Faltará terreno para vivir, comida, agua potable, energía… Todo esto nos llevará a episodios de gran mortandad.

Pero el caso es que este punto no acaba de llegar. Y la población ha aumentado increíblemente. Ya somos más de siete millones de humanos los que nos movemos por el planeta y todavía seguimos creciendo.

Se puede argumentar que actualmente ya se pueden percibir signos que indican que somos demasiada gente. Hay guerras por el agua, grandes hambrunas que causan terribles mortalidades, guerras por territorios limitados… Pero si se observa atentamente, descubrimos que todos estos hechos están causados por factores más prosaicos. Guerras de poder, por dinero, por odios raciales y poca cosa más.

Lo cierto es que actualmente todavía producimos suficiente comida para alimentar a toda la humanidad. Otro tema es que la comida y los recursos se repartan correctamente.

Pero que todavía no hayamos llegado al punto de saturación no quiere decir que este no exista. Ya está claro que el planeta entero no sería suficiente para mantener la población actual si todos pretendiéramos vivir al nivel de vida de los Estados Unidos. Y quizás esto sí será un problema real y no teórico muy pronto, a medida que las economías de China e India despierten como lo están haciendo.

Por tanto parece que ya llega la hora de que los sociólogos, los economistas y los ingenieros encuentren la manera de calcular cuántos podemos vivir y bajo qué parámetros. De cuántos recursos disponemos y cómo los podemos utilizar de manera razonable. Y para ello habrá que tener claro cuál es el estándar de vida que queremos (y podemos) llevar. También debemos saber cuánto terreno útil queda todavía para edificar, para la agricultura, para la generación de recursos, qué fuentes de energía podemos utilizar y con qué eficiencia, cómo se puede minimizar la generación de residuos y cómo se pueden eliminar los inevitables. Y no únicamente variables físicas. El componente humano también es importante. ¿Hasta qué punto podemos vivir amontonados en urbes monstruosas? ¿Qué precio económico, sanitario y ecológico tienen estros grandes hormigueros humanos?

Sabemos que la ecuación está planteada, pero todavía nos falta conocer muchas de sus variables. Y el tiempo de que disponemos para conocer la respuesta es cada vez menor.

Otro tema será si hacemos caso de estas cifras o no. Los humanos no siempre destacamos por hacer caso de los hechos, y nos guiamos mucho más por las emociones.

30 / 100

CALENTAMIENTO GLOBAL, ¿HASTA DÓNDE?

Hace unos cuantos años la pregunta hubiera sido si la Tierra se estaba calentando o enfriando. Existían datos, algunos honestos y otros interesados, que señalaban en ambas direcciones. Pero ahora ya conocemos la respuesta. La emisión de gases con efecto invernadero por causa de la actividad humana está calentando el planeta. La cuestión que ahora se plantea es: ¿hasta qué punto?

Naturalmente la respuesta no es únicamente científica. La actitud que toma la humanidad es la variable principal en esta ecuación. Pero incluso si dejáramos de quemar combustibles fósiles ahora mismo, el proceso ya se encuentra en marcha y no se detendrá fácilmente. Un planeta es muy grande y, por tanto, los cambios que se producen en él tienen mucha inercia.

Es como un hombre que empuja un camión para moverlo. Al principio tendrá que hacer mucha fuerza y conseguirá muy poco movimiento. Pero cuando el camión ya rueda, ¡cuesta mucho detenerlo!

Por eso hacen gracia (¡o rabia!) los que dicen que no hace falta sufrir por el incremento de solo un grado. El caso es que la cantidad de calor que se tiene que generar para calentar un grado todo un planeta es inmensamente grande. Y los gases ya se encuentran en la atmósfera. El Sol seguirá enviando energía, y esta atmósfera la retendrá cada día un poco más.

Pero las variables son muchas. Por ejemplo, un problema es que los polos se van derritiendo a una velocidad cada vez mayor. Esto hace que la superficie helada disminuya, cosa que empeora el problema, porque el hielo refleja muy bien la luz del Sol y devuelve energía al espacio. El agua del mar, en cambio, al ser mucho más oscura, capta la luz solar y se calienta. Cuanto menos hielo tengamos, más intenso será el efecto invernadero.

Por otra parte, más calor implica más evaporación y más nubes. La superficie blanca de las nubes ayuda a enfriar por el mismo motivo que el hielo. Los rayos de Sol se reflejan en ellas y no llegan a tierra. De manera que este efecto va bien para enfriar. Por otro lado, las mismas nubes ayudan a retener calor que no saldrá hacia el espacio. Todos sabemos que los días claros son más fríos que los días grises. Al final, ¿qué predomina más?

Los meteorólogos trabajan con distintos modelos para prever lo que puede pasar. Es importante, porque necesitamos saber cómo nos irá según la manera en que reduzcamos la quema de combustibles fósiles. Pero los modelos todavía dan mucha variabilidad. Todos indican, sin lugar a dudas, que habrá un calentamiento, pero la magnitud todavía permanece en la oscuridad.

En cualquier caso, lo más inteligente es no esperar a tener claros los modelos para empezar a cambiar nuestra manera de vivir. Hasta los modelos climáticos más optimistas nos están enviando señales de alarma, de manera que es mejor hacerles caso.

31 / 100

GLACIACIONES

Si alguna cosa tienen clara las generaciones que viven actualmente en nuestro planeta es que el clima no es estable, y que presenta variaciones. Todos hemos oído hablar de las glaciaciones y, aunque sea sorprendente, hasta hace pocos años los climatólogos estaban seguros de que nos encaminábamos hacia un nuevo periodo glacial. Seguramente habría sido cierto si no fuera por la acción del hombre, que ha causado el efecto invernadero.

El caso es que actualmente estamos viviendo un periodo interglacial. Ya hace dieciocho mil años de la última gran glaciación, pero antes ha habido muchas otras. Cuando se han analizado los estratos geológicos se ha visto que, cada cien mil años aproximadamente, nuestro planeta se cubre de hielo. Esto ha sido así durante los últimos dos millones de años. Por lo que hace a periodos anteriores, la información es más dispersa, pero tenemos evidencias de otras glaciaciones, aunque el ritmo es más difícil de medir.

De manera que sabemos que cada determinado tiempo el planeta queda cubierto en gran parte por una gruesa capa de hielo. Lo que no está tan claro son las causas de estos cambios.

En realidad no parece que exista un único motivo, sino que sería la combinación de distintos factores. El movimiento de la Tierra alrededor del Sol es más complicado de lo que nos enseñaban en las escuelas. Además de la órbita normal, el planeta modifica lentamente el eje de rotación, el centro de gravedad del sistema se desplaza, la órbita se estira y se encoge… Todos estos movimientos son muy pequeños comparados con el de la órbita anual, pero, cuando se analizan periodos de miles de años, pueden tener un efecto importante sobre la distancia a la que nos encontramos respecto al Sol. Además, el Sol también tiene su propio ritmo. La actividad solar, el aspecto más evidente de la cual son las manchas solares, crece y decrece periódicamente, y añade más variabilidad al sistema.

También debemos tener en cuenta el movimiento del Sol alrededor de la galaxia. Algunos científicos opinan que distintas regiones de la galaxia pueden ser más o menos ricas en polvo estelar, que puede modificar la radiación que llega a la Tierra provinente del Sol.

Y, finalmente, la propia dinámica de la Tierra. Con la deriva continental, la distribución de los continentes ha ido variando a lo largo de los milenios. Esto altera los flujos de corriente marítimos, y, por tanto, el reparto de la energía térmica del planeta.

Todos estos factores condicionan el clima de la Tierra. Lo que falta es poder atribuir a cada uno de los componentes su importancia real en el cómputo global. Y, claro, saber si ya conocemos todos los elementos o todavía quedan nuevos por descubrir, que esto nunca puede descartarse.

32 / 100

ECOSISTEMAS Y CAMBIO CLIMÁTICO

A partir del momento en que quedó claro que el planeta se está calentando de manera global, que nosotros somos los responsables y que poco podemos hacer para detenerlo hoy por hoy, se planteó otra cuestión. ¿Cómo afectará esto a la vida? ¿Qué ecosistemas se adaptarán mejor y cuáles sufrirán más las consecuencias?

La pregunta no es trivial, porque, aunque los urbanitas tienen tendencia a olvidarlo, somos muy dependientes del ecosistema en que vivimos. Ciudades mediterráneas serían inhabitables en el norte de Europa, igual que las poblaciones del ártico no durarían nada en climas tropicales. Y no únicamente por las construcciones y los edificios, que están hechos a medida del clima. El tipo de alimentación, las enfermedades más frecuentes, la disponibilidad de agua, todo se modificará profundamente, de manera que mejor saber cuanto antes lo que nos espera.

Por ejemplo, pocos recuerdan que la malaria era una enfermedad habitual en amplias zonas del sur de la Península y en zonas húmedas como el delta del Ebro. Si la temperatura sube un poco, esto puede hacer que los mosquitos transmisores de la enfermedad vuelvan a encontrarse muy a gusto aquí y que, con ellos, vuelva la malaria.

En realidad, la mayor parte de las especies animales y plantas tienen una cierta capacidad de adaptación, pero esto requiere tiempo y, al ritmo al que cambian las cosas, tiempo es precisamente lo que les faltará a muchas.

Si encima tenemos en cuenta que cada ecosistema es una red de relaciones muy estrechamente ligadas, nos damos cuenta de que, aunque algunas especies se adapten a las nuevas condiciones, la desaparición de otras causará un impacto muy profundo en el global.

Se establecerán nuevas relaciones de poder y se modificarán hábitos alimentarios a medida que unas presas sean sustituidas por otras.

Todo esto tendrá un gran impacto en la agricultura. Los agricultores saben con qué malas hierbas tienen que enfrentarse, qué plagas tienen que preocuparlos y cuáles son los ritmos que impone la naturaleza. Pero todo esto puede cambiar en pocas generaciones.

Y, finalmente, un ecosistema es una organización extremadamente compleja y difícil de estudiar. Hace poco que estamos empezando a comprender los flujos de relaciones que se hallan ocultos y, desgraciadamente, todo hace pensar que muchos desaparecerán antes de que podamos llegar a conocerlos en profundidad.

LA VIDA

33 / 100

EL ORIGEN DE LA VIDA

Tenemos datos que indican que la Tierra se formó hace unos 4.600 millones de años, y parece razonable pensar que entonces no existía vida en aquel primitivo planeta. De todos modos, hace unos 3.500 millones de años ya se encontraban bacterias, muy primitivas, pero bacterias a fin de cuentas. Por tanto, en algún momento de los primeros mil millones de años de nuestro planeta apareció la vida. La pregunta es: ¿cómo tuvo lugar un acontecimiento tan extraordinario?

En principio, la vida no deja de ser una curiosa organización de la materia. Materia que puede mantener su forma, puede crecer, puede hacer copias parecidas a sí misma y puede captar energía del exterior para hacer todo esto. Pero no deja de ser materia normal y corriente, hecha de los mismos átomos que componen las rocas, el agua o la atmósfera. Por tanto, la pregunta se reformula así: ¿cómo se organizaron estos compuestos químicos de manera que llegaron a adquirir estas características?

Durante un tiempo pareció que estábamos rozando la respuesta. En el año 1953, un joven químico, Stanley Miller, tomó los gases que pensaba que formaban la atmósfera primitiva de la Tierra, y los encerró en un recipiente. Después hizo que pasara corriente eléctrica por su interior, para simular una fuente de energía externa, como los rayos o las radiaciones que bañaban entonces nuestro planeta. Una semana después, los líquidos que había puesto en el interior habían cambiado de color, se habían hecho más espesos y, al analizarlos, encontró componentes habituales de los organismos vivos. Principalmente algunos aminoácidos.

Aquello dio origen a la teoría de la "sopa primigenia". Si en poco tiempo podían aparecer espontáneamente algunas de las piezas fun-

79

damentales para la vida, quizás solo era cuestión de tiempo que explicáramos cómo empezaron a unirse para dar lugar a alguna cosa parecida a la primera célula. Parecía fácil, pero el caso es que, de momento, todavía no sabemos cómo ocurrió.

Lo que hay que hacer es comprender cómo alguna molécula pudo empezar a hacer copias de sí misma. Y para explicar esto se han formulado muchas hipótesis, pero se han aportado muy pocas pruebas. Algunos científicos creen que el ARN fue la primera molécula en reproducirse y dar lugar a un primitivo mundo de ARN. Pero el ARN es muy inestable en las condiciones que existían entonces. También se piensa que quizás fueron cristales de arcilla los que empezaron a hacer copias de sí mismos. Moléculas más complejas podían utilizar los cristales como un andamio para empezar a unirse entre ellas hasta que pudieron hacerlo solitas. Podría ser, pero parece demasiado rebuscado, aunque a muchos les guste esta idea porque entroncaría con la Biblia, ya que ¡realmente procederíamos del barro!

Y también hay quien cree en la panspermia, que es la teoría que afirma que la vida vino del espacio exterior en forma de esporas traídas por meteoritos. Pero esto es trampa, porque la pregunta seguiría sin responderse: ¿cómo se formó la vida aquí, allí o donde sea?

34 / 100

LUCA

LUCA es un personaje muy importante en nuestra vida a pesar de que, en realidad, nadie lo conoce personalmente. Nadie lo conoce porque LUCA murió hace unos tres o cuatro mil millones de años, y es que él es el antepasado común que compartimos todos los seres vivos de la Tierra.

De ahí el nombre: LUCA (Last Universal Common Antecessor) o el "Último Antepasado Común y Universal".

Si lo pensamos un momento, nos damos cuenta de que, a pesar de la extraordinaria diversidad de formas que ha adoptado la vida en nuestro planeta, una mirada atenta revela que todas funcionan de la misma manera. Todos los organismos, desde los mamíferos más grandes hasta las bacterias más infrecuentes, de las plantas a los insectos, todos compartimos una bioquímica básica. Tenemos células distintas, pero las proteínas se hacen con los mismos aminoácidos y los azúcares se metabolizan de la misma manera. Todos guardamos la información genética en largas cadenas de ADN, que se transcribe en proteínas siguiendo el mismo código genético.

Es muy difícil que todo esto pasara por casualidad.

La explicación más probable es que inicialmente apareció la vida en la Tierra, y que seguramente lo hizo varias veces. Con toda probabilidad, en cada caso se estructuró de manera distinta, según las condiciones donde sucedió y el mismo azar. Quién sabe si durante un tiempo coexistieron organismos completamente distintos, con bioquímicas ajenas y mutuamente incompatibles, pero a la larga solo uno sobresalió, y acabó por imponerse al resto. Esto no quiere decir que fuera necesariamente el mejor ni el mejor adaptado. Quizás fue, simplemente, el que tuvo más suerte.

Y a partir de aquel organismo, que llamamos LUCA, aparecieron todas las formas de vida que existen actualmente en el planeta. De sus competidores no hemos encontrado ni rastro, aplastados por el éxito de los descendientes de LUCA.

¿Qué forma debía de tener? Pues no lo sabemos. Pero debía de tener el código genético en funcionamiento, de manera que el ADN formaba parte de él. Como también debía de disponer de una membrana celular que lo aislaba del ambiente, podía parecer una bacteria sencilla, quizás un micoplasma.

¡Pero no os engañéis! LUCA no era la primera célula. Ya era el resultado de muchos milenios de evolución. Lo único importante es que se trata de nuestro antepasado común, a partir de quien se derivan todos los que se encuentran ahora en nuestro planeta.

Y es que de vez en cuando va bien recordar que en este planeta... todos somos parientes.

35 / 100

HOMOQUIRALIDAD

La palabra *homoquiralidad* es poco conocida, pero simboliza uno de los hechos más intrigantes que se esconden en los seres vivos. Nosotros, igual que todos los seres vivos de la Tierra, estamos hechos de una serie de moléculas básicas que se pueden presentar de muchas maneras. Una de las más importantes son las proteínas y los azúcares. Las dos no dejan de ser agrupaciones muy grandes de pequeñas moléculas unidas químicamente. Monosacáridos en el caso de los azúcares y aminoácidos en el caso de las proteínas. Pero estos componentes básicos tienen una curiosidad. Pueden ser de dos formas iguales, pero invertidas. De la misma manera que la mano derecha y la mano izquierda son iguales pero dispuestas al revés, de modo que si las ponemos una encima de la otra no encajan.

En el caso de las moléculas, esta característica se puede medir cuando se hace pasar a través de ellas una luz polarizada. La luz se inclina hacia un lado o hacia otro, según si tenemos moléculas diestras o zurdas. Esta capacidad de desviar la luz se llama *quiralidad*.

El caso es que, a pesar de que las reacciones químicas que pueden hacer son las mismas, todos los seres vivos tenemos únicamente un tipo de moléculas, y por eso se dice que la vida normal es homoquiral. Por ejemplo, todos los aminoácidos que existen son zurdos.

Lo que sí se sabe es que en una proteína no pueden estar mezclados los dos tipos. Tiene que escoger uno u otro, pero, una vez escogido, nos quedamos con aquel tipo. La pregunta es: ¿por qué motivo la vida decidió hacer moléculas zurdas? ¿Quizás por azar? ¿Alguna tenía que ser y, una vez empezado el proceso, ya no había marcha atrás? ¿O quizás por otros motivos?

Hace unos cuantos años, en Australia cayó un meteorito que contenía aminoácidos en su composición. ¡Y la mayor parte eran zurdos!

¿Quizás las piezas con las que se construyó la vida venían del espacio? Pero la pregunta sigue: ¿por qué motivo en el espacio se formaban preferentemente un tipo y no otro de moléculas?

Por otro lado, también se ha demostrado que, en determinadas condiciones, se puede sintetizar preferentemente una forma u otra, según la dirección del giro de mezcla de reacción. Algunos científicos piensan que la rotación de la Tierra fue lo que favoreció un tipo de moléculas.

En todo caso, el fenómeno es lo suficientemente intrigante para justificar que, cuando envían sondas a Marte y llevan aparatos para analizar posibles restos orgánicos, una de las pruebas que hacen es la que permite determinar la quiralidad. Una quiralidad homogénea sugeriría rastros de vida, mientras que, si lo que encuentran es una mezcla, seguramente serán restos de reacciones químicas inorgánicas. En cualquier caso, será curioso ver cómo son las moléculas de los alienígenas. ¡Si diestras o zurdas!

36 / 100

VIDA EXTRATERRESTRE

¿Hay alguien allí fuera? Esta pregunta surge inevitablemente cuando se observan las estrellas una noche sin luna. Cada uno de los millones de puntitos de luz es un Sol, y muchos tienen planetas a su alrededor. En consecuencia, no es ninguna tontería pensar que, además de en el nuestro, la vida puede haber surgido en muchos otros mundos. Hasta hace poco, lo único que podíamos hacer era especular, pero ahora ya están preparando distintas estrategias para responder a la pregunta. Aun así, hay que tener claro lo que se busca.

Para empezar, ya hemos enviado sondas a la Luna, Marte, Venus y algún satélite de los planetas gigantes, como Titán. Pero por ahora, todas las pruebas para buscar vida, ni que sea en forma de microorganismos, han resultado negativas. Esto tampoco resulta ninguna sorpresa. Si voy en barca, estiro el brazo y lleno un cubo de agua, el hecho de no encontrar ningún pez no me permite concluir que en el océano no haya peces. Apenas empezamos a explorar el sistema solar, y todavía podemos llevarnos muchas sorpresas.

Pero más allá existe todo un Universo lleno de planetas. Hasta hace muy poco únicamente podíamos detectar la presencia de planetas gigantes, como Júpiter, pero actualmente la tecnología nos permite empezar a obtener datos de planetas más pequeños, similares a la Tierra. De manera que la búsqueda en serio recién acaba de empezar.

Una idea interesante es que lo que se tiene que buscar son atmósferas que tengan la "marca" de la vida. Esta marca se basa en el hecho de que los seres vivos, por el propio metabolismo, lo que hacen es modificar las condiciones de la atmósfera del planeta. El ejemplo más claro es la propia Tierra. Vivimos en una atmósfera que tiene oxígeno gracias a la presencia de plantas que lo generan. Si no fuera por la fotosíntesis, la atmósfera que tendríamos sería sustancialmente distinta.

Hay quien opina que no es necesario enviar una nave con una cámara y que obtenga fotografías de un animal extraño pasando por delante para poder saber si existe vida en otro planeta. Debería bastar con analizar su atmósfera. Si la composición de gases se aleja lo suficiente de lo que es de esperar por causas puramente geológicas, lo más probable es que sea causado por la presencia de seres vivos.

Por esto se preparan misiones destinadas a analizar las atmósferas de planetas lejanos, buscando la huella de la vida. La luz que cruza la atmósfera de un planeta absorbe determinadas longitudes de onda distintas según los gases que se encuentre en esta atmósfera. Pero eso podemos conocer la composición de planetas o estrellas lejanos. Pero si detectáramos la marca de alguna cosa parecida a la clorofila, por ejemplo, ello indicaría con una probabilidad altísima que en aquel planeta existen seres vivos.

Y es que encontrar ni que fuera un única bacteria extraterrestre nos abriría todo un mundo de conocimiento y haría que las estrellas ya nunca más fueran las mismas.

37 / 100

VIDA EXTRATERRESTRE INTELIGENTE

Al hablar de extraterrestres, en seguida nos vienen a la cabeza imágenes de naves espaciales llegando a la Tierra con intenciones hostiles. Quizás se trata todavía de los efectos secundarios causados por la emisión radiofónica de *La guerra de los mundos* de Orson Welles. Esta imagen suele ignorar las distancias reales en el espacio y hasta qué punto es insignificante nuestro planeta. Pero aunque no sea a través de una visita, hostil o de cortesía, la pregunta también es inevitable. ¿Existen seres inteligentes en algún otro planeta?

Porque ciertamente el hecho de encontrar aunque fuera una única célula de un vegetal extraterrestre representaría toda una revolución. Pero si lo miramos desde un punto de vista social, ¿qué gracia tendría? Si los extraterrestres fueran una cosa parecida a un seta, ¿qué gracia tendría? El gran impacto sería dar con otra cultura, una forma de vida inteligente distinta a la nuestra. Entonces sí, las implicaciones serían inmensas. Podríamos tratar de comunicarnos con ellos o, al menos, detectar sus comunicaciones. Lo más seguro es que no entendiéramos demasiadas cosas, pero al menos sabríamos que están allí. Y esto sería ya muchísimo.

Y para lograr esto se están utilizando todo tipo de estrategias. La más obvia es la de escuchar el Universo con la esperanza de detectar emisiones provenientes del espacio lejano que no puedan ser atribuidas a causas naturales. No es necesario que sean señales enviadas expresamente a nosotros. Hay que pensar que la Tierra está emitiendo muchas señales al espacio, ya que parte de las emisiones de radio y televisión no va de vuelta hacia nuestros receptores, sino que se pierden por el espacio y se alejan de aquí en todas direcciones a la velocidad de la luz.

Ya contamos con programas destinados a escuchar el ruido que hace el Universo. Lo que pasa es que no sabemos ni dónde, ni qué buscar. De manera que se siguen distintas estrategias. Algunos científicos buscan señales provenientes de estrellas que creemos que tienen mayor probabilidad de tener planetas parecidos al nuestro. Otros siguen la estrategia de barrer todo el cielo y analizar metódicamente las señales recibidas a distintas longitudes de onda.

De momento todavía no se ha encontrada nada, salvo alguna falsa alarma. Esto tampoco es sorprendente. Nuestra especie tiene unos cinco millones de años de antigüedad, y hace solo unas pocas décadas que conocemos las emisiones de radio. ¿Qué tecnología deben de utilizar hipotéticas civilizaciones extraterrestres? Es muy posible que para ellos la radio sea una reliquia abandonada desde hace muchos milenios. Esto, sin embargo, no detendrá la búsqueda. Lo que debemos hacer es utilizar siempre la última tecnología conocida.

Y cruzar los dedos.

38 / 100

¿CUÁNTAS ESPECIES EXISTEN EN EL MUNDO?

Parece una pregunta sencilla, pero el caso es que todavía no tiene respuesta, ni siquiera aproximada. A pesar de que hace muchos años que los científicos se dedican a identificar y clasificar las diferentes especies de organismos que habitan la Tierra, y de que ya se ha catalogado un número impresionante, todavía quedan por identificar y catalogar la mayor parte. De momento tenemos una lista de casi un millón y medio de formas de vida diferentes. Pero se calcula que, en realidad, en nuestro planeta existen entre diez y cuarenta millones de especies distintas (hay quien cree que podrían ser incluso cien millones).

¿Cómo es posible que queden tantas especies por identificar? Pues lo que pasa es que la mayor parte son insectos que habitan en el trópico. Allí se pueden descubrir todavía centenares de especies de escarabajos distintos simplemente analizando un único árbol. Hasta ahora ya se conocen más de 750.000 tipos diferentes de artrópodos, un cuarto millón de plantas y cuarenta mil vertebrados.

Y aunque cada día se descubren nuevos tipos de insectos, también nos reservan algunas sorpresas los animales superiores. Aunque parezca mentira, cada año aparecen unas cuantas especies nuevas de vertebrados. Y esto por no hablar de las bacterias, que apenas empezamos a conocer. De momento, se han catalogado unas cinco mil, pero su clasificación apenas acaba de empezar.

Además, sobre todo por lo que respecta a las bacterias, resulta interesante darse cuenta de que cada vez que se analiza un lugar del planeta aparecen nuevas formas de vida. Hace tiempo que saltó la sorpresa al descubrirse oasis llenos de vida junto a las fuentes sulfurosas de las profundidades oceánicas. Y también se están identificando comunidades de bacterias que viven enterradas centenares de metros bajo tierra. En realidad todavía no sabemos hasta qué profundidad se pueden encontrar células vivas.

De manera que no, no tenemos ni idea de cuántas formas distintas ha tomado la vida en nuestro planeta azul.

Lo que resulta deprimente es que quizás no lo sabremos nunca. Las especies siempre están apareciendo y extinguiéndose. Es parte del ciclo vital y siempre ha sido así. Pero ahora la acción del hombre ha hecho que las extinciones tengan lugar a un ritmo vertiginoso. Cada minuto desaparece una extensión de selva tropical equivalente a un par de campos de fútbol. Y con ella se van miles de especies vivas que nunca llegaremos a conocer, ni siquiera a saber que existieron.

Y con ellas desaparecen nuevos medicamentos, nuevas fuentes de alimentos, nuevas respuestas a problemas ambientales... Estamos destruyendo una fuente de riqueza extraordinaria, como niños que juegan a quemar el dinero de los padres. Pero nosotros no tenemos la excusa de la ignorancia.

39 / 100

LA DESAPARICIÓN DE LAS ABEJAS

Cuando hablamos de abejas suelen venirnos a la mente recuerdos de las picadas que nos dieron, sobre todo cuando éramos pequeños. Y si hablamos de apicultura pensamos en la miel y poco más. Pero la industria de las abejas tiene un interés económico que va mucho más allá de hacer miel y que ahora se ve amenazado por una misteriosa plaga que han llamado *desorden del colapso de las colonias* o CCD por sus siglas en inglés.

El caso es que los apicultores de los Estados Unidos mueven más dinero alquilando los enjambres de abejas a los agricultores para polinizar campos de árboles frutales y otros cultivos que obteniendo miel. Es lógico si lo pensamos. Toda la vida hemos oído hablar de la flor y la abeja que va a buscar polen y se lo lleva a otras florecillas para fecundarlas. Pues los agricultores, que quieren asegurarse que aparecerán frutos, no pueden depender del azar, y lo que hacen es alquilar las colmenas para garantizar la polinización y la futura cosecha.

Por eso la alarma se disparó no solo entre los apicultores, sino también entre los agricultores, que ven sus cosechas amenazadas por la falta de polinización, y todo por culpa del CCD. Y es que las abejas están muriendo a una velocidad muy superior a la normal, y por causas que nadie ha sabido explicar. Los apicultores se encuentran de pronto con colmenas que no contienen abejas adultas, en ellas solo quedan larvas y la reina. Y, más sorprendente aún, tampoco se encuentran abejas muertas alrededor. Parece que las abejas marchan y simplemente nunca más regresan.

Se cree que los insectos no encuentran el camino de regreso y al final mueren de frío o agotamiento. Pero, ¿qué puede afectar de esta manera el proverbial sistema de orientación de las abejas? Pues lo cierto es que no se sabe, aunque ya se han propuesto algunas hipótesis.

Para empezar tenemos las normales. Algún virus o quizás un hongo que las infecta. Análisis hechos en algunas abejas cogidas de los lugares afectados indican un cierto grado de inmunodepresión, pero el motivo que lo causa sigue siendo un misterio.

También se encuentran en el punto de mira algunos nuevos insecticidas que se están aplicando en la agricultura desde hace poco tiempo. Son derivados de la nicotina que, en principio, no parecía que afectaran a las abejas. Esto quiere decir que no las mata, pero podría ser que las afectara de manera que perdieran la orientación. Un efecto impredecible, pero letal para las abejas.

En cualquier caso, el hecho de que un plaguicida afecte a las abejas, y de rebote a la cosecha que quizás se pretendía proteger, nos recuerda que en la naturaleza todo es una red, y no se puede tirar de un hilo sin que muchos otros se vean afectados. Un mensaje repetido muchas veces, pero que siempre es útil recordar.

40 / 100

MIGRACIONES

Uno de los grandes espectáculos de la naturaleza son las grandes migraciones de animales. Rebaños de miles de ñus que se desplazan por la sabana, bandadas de pájaros que recorren miles de kilómetros cuando se acercan los fríos, peces que cruzan océanos para ir a encontrar el río donde nació, o nubes de mariposas que cruzan países enteros.

El fenómeno de las migraciones ha fascinado a todos los que lo han podido observar. Y cuanto mejor se conoce, más desconcertante resulta. Porque aunque a veces no es difícil comprender el motivo que empuja a unos animales a emigrar, en otras ocasiones parece mucho menos claro.

Por ejemplo, que los pájaros se desplacen hacia el sur cuando se acerca el invierno parece normal: pronto no quedará comida, mientras que sí la encontrarán en lugares más cálidos. Falta poder explicar cómo saben que se acerca el invierno y cómo encuentran el lugar donde tienen que ir. El momento de marchar no es difícil. Parece que está determinado por la duración del día. Y que se pongan de acuerdo tampoco es una sorpresa. Muchos animales sociales han desarrollado reacciones de estímulo-respuesta. Cuando algunos miembros de la comunidad dan señales de tener ganas de emigrar, su comportamiento se contagia al resto. Una cosa parecida a cuando vemos que alguien bosteza y todos tenemos ganas de hacerlo.

Pero, ¿cómo se orientan? Se han realizado experimentos que demuestran que pueden notar el campo magnético de la Tierra. Esto les da una idea hacia qué dirección se encuentra el norte. También el Sol e incluso las estrellas las pueden utilizar para orientarse. Incluso en algunos casos, como en el de los salmones, el olor particular del río donde nacieron es lo que les indica el camino.

Pero estos puntos de referencia dan ideas generales. Podemos saber dónde está el norte, e incluso así, ser incapaces de encontrar un pueblo en concreto a mil kilómetros de distancia. Son necesarios de unos puntos de referencia de más corto alcance para ajustar el camino.

Posiblemente la migración no tiene un único mecanismo para guiarse, y es la suma de fenómenos. Además, cada especie debe de tener sus sistemas, porque aquello que sirve para guiar a un tiburón no es útil para una mariposa.

Poco a poco se van descubriendo los mecanismos y el funcionamiento fisiológico. Por ejemplo, pequeños cúmulos de hierro situados en el cerebro de algunas aves pueden ser un mecanismo sensible al campo magnético de la Tierra. Una brújula cerebral basada en un mecanismo que también se ha encontrado en las bacterias, a pesar de que las bacterias no lo utilizan para emigrar, sino para diferenciar arriba de abajo. Y es que, cuando una cosa funciona, la naturaleza lo aplica tanto como puede.

Pero muchos animales migran siguiendo sus propios mecanismos internos de orientación fisiológicos, y algunos todavía no tenemos ni idea de cómo funcionan.

41 / 100

LA DIVERSIDAD DE LAS ESPECIES

Es uno de los principales retos para comprender cómo es nuestro planeta. ¿Cuáles son los mecanismos que regulan la manera en que la biodiversidad crece y se mantienen en los distintos ecosistemas? Y sería bueno adquirir estos conocimientos antes de que el desastre causado por el hombre sea del todo irreversible.

El mecanismo general, la evolución a través de la selección natural, ya lo conocemos desde que Darwin publicó su teoría. El ambiente donde viven los organismos hará que algunos vivan y se reproduzcan mejor que otros. Pero quedan muchos detalles por comprender. Ecosistemas que es posible que nos parezcan similares pueden contener números muy distintos de especies. El azar juega un papel muy importante, pero también la genética, las interacciones entre distintas especies y entre organismos de la misma especie, los lugares de contacto entre diferentes ecosistemas… Todo ello establece unas redes de relaciones que dan como resultado final la extraordinaria biodiversidad que muestra nuestro planeta.

Comprender todo esto requiere el trabajo continuo de muchas disciplinas. Los genetistas deben establecer cuáles son los genes más importantes en la diferenciación entre especies. Parece que los que participan en el desarrollo embrionario están muy implicados. Al fin y al cabo, son estos los que determinarán las características de los individuos que tienen que vivir, y con estas características también se establece cómo se adaptarán al medio ambiente. Pero no tienen por qué ser los únicos, y seguramente otros genes importantes están esperando ser identificados.

Por otro lado, están los paleontólogos. El estudio de cómo distintos grupos de animales han aparecido, han prosperado y finalmente han desaparecido, lentamente, a lo largo de millones de años, o rápidamente, nos debe ayudar a comprender mejor el efecto de los grandes cambios ambientales sobre la biodiversidad.

También tendremos trabajo, ¡evidentemente!, para los ecólogos. Se ha observado que la biodiversidad es menor en la periferia de los ecosistemas que en el interior, pero el caso es que no sabemos por qué motivo aparecen estos gradientes de diversidad. Existen ecosistemas que acogen una cantidad enorme de formas de vida, mientras que otros quedan aparentemente deshabitados. La disponibilidad de alimento, de microambientes, de energía, está claro que son factores limitantes, pero las relaciones entre las diferentes comunidades también juegan un papel que todavía está poco claro.

Y todo esto necesitamos saberlo para poder optimizar el impacto de nuestra actividad sobre el mundo natural. Un conocimiento necesario para actuar de una manera civilizada sobre la Tierra, nuestro gran, y por ahora único, ecosistema.

42 / 100

EL ORIGEN DE LA CÉLULA EUCARIOTA

En la Tierra existen dos principales tipos de células: las que no tienen núcleo, que llamamos *procariotas*, y las que sí lo tienen, las *eucariotas*. Esto es porque *carios* en griego quiere decir *núcleo*. Por tanto, las bacterias, los organismos más abundantes del planeta, son procariotas, mientras que el resto, animales, plantas, hongos…, tienen células eucariotas.

El origen de la vida es uno de los grandes problemas que se encuentran planteados, pero resulta igualmente complicado explicar la aparición de las células eucariotas, que tienen una estructura extremadamente más complicada que las bacterias. En una célula eucariota no solo existe un núcleo. Encontramos toda una serie de estructuras subcelulares especializadas en una serie de funciones bien establecidas. Las mitocondrias, que generan energía; el retículo endoplasmático, donde se sintetizan las proteínas; los lisosomas, para degradar productos; los cloroplastos en las células vegetales, para aprovechar la energía solar… ¿Cómo se originó una arquitectura tan complicada a partir de una simple célula procariota?

Y todavía existen más diferencias. Las bacterias tienen un sistema de manipulación de la información genética parecido al nuestro, pero no exactamente el mismo. Sus ribosomas se parecen, pero no del todo. La pared de las procariotas dispone de unas estructuras muy distintas de las membranas lipídicas eucariotas.

Parecen dos mundos distintos, como si hubieran aparecido por separado a lo largo de la historia. Pero el código genético que tenemos es el mismo, hecho que con toda seguridad nos convierte en parientes.

Una teoría interesante dice que la evolución se produjo por parasitismo o simbiosis. Quizás lo que nos parece una célula con muchas estructuras es el resultado de mezclar distintas células procariotas, de las cuales cada una hace una cosa distinta. Las mitocondrias podrían ser las descendientes de antiguas bacterias que parasitaron alguna célula procariota sin membrana bacteriana. De hecho, las mitocondrias tienen una doble membrana. Podría ser que el exterior se hubiera originado en el organismo del huésped y el interior fuera de la bacteria parásita. Más interesante todavía: las mitocondrias tienen su propio ADN, y resulta muy similar al bacteriano. Una cosa parecida ocurre con los cloropastos. También tienen una doble membrana y también tiene su propio ADN para fabricar alguna de sus proteínas.

Así, siempre miramos el parasitismo, o la simbiosis, como una cosa mala. Como la solución que encuentran unos organismos que no pueden afrontar la vida por sí mismos. ¡Pero es posible que todas y cada una de nuestras células sean el resultado de una simbiosis muy afortunada de hace unos pocos miles de millones de años!

43 / 100

EL PLEGAMIENTO DE LAS PROTEÍNAS

Nuestro cuerpo está constituido básicamente por proteínas. Cada una con una estructura particular que le permite realizar una función determinada. Algunas son estructurales y constituyen los "ladrillos" con los que está construido nuestro cuerpo. Otras son funcionales y se encargan de controlar y modular el metabolismo.

Desde un punto de vista puramente químico, una proteína no es más que una secuencia de aminoácidos unidos uno detrás del otro, como las perlas de un collar. Existen veinte aminoácidos diferentes en las proteínas, y algunas pueden llegar a estar formadas por centenares de aminoácidos, de manera que el número de combinaciones que pueden existir es inmenso.

La cuestión es que, a medida que se fabrican dentro de las células, las proteínas pueden adquirir una estructura determinada. Se repliegan en el espacio y adoptan una forma que les permite realizar su función. Unas se pliegan en forma de escala de espiral y acaban siendo alargadas y fibrosas. Otras toman forma de pelota con protuberancias y agujeros en la superficie, unas cavidades donde tienen lugar determinadas reacciones químicas o que servirá para transportar productos.

Hay que pensar que, además de la forma, las cargas eléctricas son importantes. Los aminoácidos pueden tener cargas positivas o negativas, de manera que la misma estructura, pero con distinta carga, permitirá el paso de algunas moléculas, mientras rechazará otras. Y dos proteínas que encajen como una cerradura y una llave podrán actuar únicamente si las cargas eléctricas de la superficie son opuestas, porque si son iguales se repelerán.

En teoría, conociendo la secuencia de aminoácidos que forma la proteína tendríamos que poder predecir qué forma tomará en el espacio tridimensional. Pero en la práctica todavía no lo hemos conseguido. Aquello que la proteína hace en una fracción de segundo cuando las fabrica, a nosotros nos cuesta miles de horas de cálculo de ordenador para poder obtener solo una aproximación.

El caso es que podemos saber cómo se comportarán dos aminoácidos uno frente al otro. Pero cuando tenemos centenares y las fuerzas de atracción de unos se compensan con las de repulsión de otros, cuando las tensiones físicas del plegamiento tienen efectos sutiles en aminoácidos que están lejos en la cadena y cuando las cargas eléctricas que presentan pueden ir variando según la acidez del medio, las posibilidades de calcular el plegamiento final se complican extraordinariamente.

Y, además, dentro de la célula las cosas no pasan solas. Conocemos otras proteínas que tienen como función ayudar a las proteínas que se están formando a plegarse de manera correcta. Todo esto es un reto extraordinario para los modelos de computación de que disponemos actualmente. Pero imprescindible para diseñar nuevas generaciones de fármacos hechos a medida de las proteínas.

44 / 100

LA ESTRUCTURA DE LA VIDA

En muchas ocasiones utilizamos esquemas para entender la realidad. Cuando dibujamos el organigrama de una empresa, marcamos con flechas las relaciones de poder y de interacción entre personas o departamentos. Es una herramienta útil, pero tiene el peligro de simplificar demasiado las cosas. Existen muchos elementos que no se pueden representar. Los intereses de unos, la simpatía de otros, los que son inútiles... Todo esto modifica el funcionamiento real de las cosas. Por eso, en cualquier empresa la realidad es distinta de lo que dicen los organigramas.

Pues algo parecido ocurre cuando intentamos entender el funcionamiento de los seres vivos. Se dibujan esquemas de rutas metabólicas que muestran, por ejemplo, la glucosa en lo alto de la vía y terminan con el ácido láctico abajo. En medio, una serie de flechas marcan cómo se va modificando la molécula. Pero en realidad pasan muchas más cosas. Existen vías laterales intercomunicadas con otras vías metabólicas, de menor importancia, pero muy reales.

Lo mismo ocurre con el sistema nervioso. Todos hemos visto las vías de transmisión de la señal nerviosa. Una neurona envía una señal a otras, que a su vez activan otras e inhiben otras, y al final la acción que se quería analizar se activa. Pero en realidad, cada neurona está conectada con unos cuantos miles de neuronas. De estas, algunas se activan y otras se inhiben. Los esquemas que hacemos son ciertos en líneas generales, pero hay que tener presente hasta qué punto llegan a ser pobres.

Además, cada campo de investigación, cada investigador, tiene en la cabeza su propio interés. Aquello que está estudiando es el eje central de su esquema. Pero dentro de la célula, dentro del organismo, todo funciona interactuando constantemente. Como una ciudad en la que el funcionamiento del metro puede repercutir en la productividad de una empresa o el nivel de estrés de los ciudadanos. Y debemos comprender todas estas sutiles relaciones para saber cómo funciona en realidad.

Para hacerlo se requieren herramientas que permitan integrar toda esta información. Y para ello no hay alternativas a la informática. El problema es que todavía no disponemos de herramientas suficientemente potentes. Simplemente nos encontramos con demasiadas variables con demasiadas interconexiones. Además, si logramos generar una imagen realista del metabolismo con un modelo que sea auténticamente fiable, cuando lo comparamos con la realidad nos podemos dar cuenta de qué cosas no hemos tenido en cuenta. De qué conexiones tienen más importancia de la que pensábamos y, sobre todo, de qué vías nos quedan por descubrir.

Esto es lo que hay que lograr: a partir de cantidades inmensas de datos, generar una imagen que explique cómo funciona realmente la vida. Un trabajo inmenso tanto para los biólogos como para los informáticos y matemáticos. Pero el premio será comprender cómo es la vida.

45 / 100

EL RITMO DE LA VIDA

Todos conocemos la existencia de ciclos biológicos. Cada noche tenemos sueño, mientras que al mediodía estamos perfectamente activos. Esto también se nota en la presión sanguínea, en la temperatura corporal o en la generación de determinadas hormonas. El organismo no puede hacerlo todo al mismo tiempo y, por tanto, parece que reparte las funciones en una secuencia cíclica.

Además de los ritmos que duran un día o circadianos, algunos son de aproximadamente un mes. Son los ritmos circamensuales, y el periodo de las mujeres es el caso típico. También se dan ritmos circaanuales, como la floración de las plantas o la hibernación de algunos animales. Y el caso es que también se han detectado ritmos de pocos minutos y otros de muchos años. Existen bacterias que tienen su propio ritmo, que dura muy poco rato. Y determinadas plantas, como el bambú, que florecen una vez cada siete, trece o más años.

Parece un mecanismo complicado, pero ya se conocen las bases bioquímicas que pueden regular su periodicidad. Se han estudiado células que tienen sistemas que, con simplemente tres proteínas, pueden generar un ciclo de algunas horas.

Esto indica una de las características de los ciclos biológicos. En principio son mecanismos internos. No dependen de estímulos externos para funcionar. Como sabe todo el mundo que ha hecho un viaje largo en avión, aunque sea de día en el lugar de llegada, cuando es hora de tener sueño, tenemos sueño. El cuerpo quiere dormir y le da igual que nos encontremos en un lugar donde todavía sea mediodía.

Pero poco a poco nos adaptamos. Y esto indica que el cuerpo utiliza estímulos externos para "poner en hora" su reloj interno. La luz, la temperatura, la humedad o cualquier estímulo exterior puede servir para ajustar nuestros relojes internos. Estos estímulos son evidentes y permiten ajustar ritmos diarios o anuales. Pero en muchos otros casos resulta que no sabemos cómo se hace. Se conocen especies de bambúes que florecen cada trece años. Y florecen todos los del mundo al mismo tiempo. Cómo lo hacen para saber que aquel año toca florecer todavía sigue siendo una incógnita.

Curiosamente, muchos ritmos largos tienen preferencia por los ciclos con un número primo de años. Por ejemplo, existen insectos que tiene un ciclo de reproducción de trece o diecisiete años. Esto tiene la virtud de que complica la aparición de ciclos en sus depredadores, pero de nuevo no sabemos cómo lo hacen para ajustar sus relojes.

Y seguramente aquí encontremos muy distintas respuestas. Obviamente lo que regula el sistema nervioso de los animales no servirá para plantas o bacterias. La naturaleza ha encontrado muchas respuestas donde nosotros todavía tenemos solo preguntas.

Además, descubrir cómo se regula es imprescindible para saber cómo modificarlo. Y en una época en que ir de un lado a otro del mundo es cada vez más normal, sería extremadamente útil para liberarnos del *jet lag*.

46 / 100

ESQUEJES

¿Los esquejes son un misterio que la ciencia tiene que resolver? ¡Pues sí! Es muy distinto saber que una cosa funciona que comprender cómo lo hace para funcionar. Los niños aprenden de pequeños a coger una rama de geranio o un trozo de potus y ponerlo en tierra y con mucha agua para obtener una nueva planta. Del tronco saldrán raíces, hojas y frutos sin problema, y los campesinos lo hacen desde hace siglos. Ahora encontramos bosques enteros plantados a partir de cultivos en laboratorio de fragmentos de árboles.

Pero cómo ocurre esto es algo que todavía no sabemos.

Y si lo pensamos un momento nos damos cuenta de hasta qué punto es increíble. Es como si a partir de una mano, de un dedo o de una oreja pudiéramos hacer crecer una copia entera de cada uno de nosotros.

El problema es la falta de semillas en todo este proceso. Los vegetales, igual que los animales, disponen de células destinadas a la reproducción de los individuos. Allí tiene lugar la mezcla entre los genes de los progenitores, de manera que se asegura que habrá una cierta variación, imprescindible para poder hacer frente a cambios en el ambiente.

En el caso de los esquejes no presentan diferencias genéticas, y todos los organismos obtenidos son copias clónicas del original. También es una estrategia para sobrevivir, ya que facilita el mismo hecho de reproducirse. No es necesario que las células masculinas encuentren a las femeninas, una cosa que, si en los animales es complicada, en los vegetales, inmóviles, todavía lo es más.

La cuestión es saber cómo lo hacen las células del tronco o de la hoja para convertirse en una planta completa. Si pudiéramos comprender el mecanismo y aprender a regularlo, la agricultura se ahorraría mucho trabajo. Ya no necesitaríamos todo un árbol para generar el fruto, que es lo que nos interesa. Para muchas cosechas bastaría con tomar únicamente la parte que nos interesa y esperar que volviera a generarse, sin necesidad de cortar toda la planta y sembrar de nuevo.

Parece que existen señales químicas que ponen en marcha el mecanismo. Cuando la planta se lesiona, se generan determinadas hormonas vegetales que hace que, allí donde se ha realizado el corte, las células olviden lo que eran hasta entonces (hojas, tallo…) y pasen a ser de nuevo células madre.

Podríamos pensar que es un tema parecido al de la regeneración en algunos animales. Es posible, pero también podría ser un mecanismo completamente distinto. El caso es que todavía no conocemos lo bastante ninguno de los dos fenómenos para comprobarlos. Y mucho menos para encontrar aplicaciones biotecnológicas.

LOS HUMANOS

47 / 100

¿HASTA QUÉ EDAD PODEMOS VIVIR LOS HUMANOS?

En la época medieval, una persona de cuarenta años se consideraba casi anciana, mientras que actualmente todavía está en la plenitud de la vida. Hay quien dice que todavía es joven, pero esto es un poco ridículo. Pronto pasaremos de jóvenes a viejos (o más políticamente correcto: a la tercera edad) sin pasar nunca por el estadio adulto.

En cualquier caso, la longevidad de los humanos aumenta y cada vez es menos sorprendente encontrarse con personas de más de noventa años. Superar los cien sí resulta excepcional, pero aun así existe un número importante de personas que lo consiguen. Ocasionalmente aparece en los periódicos la noticia de la muerte de la persona más anciana del mundo, generalmente a una edad alrededor de los ciento quince años. Pero el récord comprobado lo tuvo una mujer francesa, Jeanne Calment, que vivió 122 años, 5 meses y 13 días. Murió en 1997, pero lo más impresionante es pensar que había nacido en 1875.

Muchas cosas pueden afectar la duración de la vida. En ratones se ha visto que si se someten a dietas pobres en calorías, su vida se alarga considerablemente. Conocemos animales que pueden reducir el metabolismo y entrar en estados parecidos a la hibernación, y prolongan así su vida. En cualquier caso, el precio a pagar parece que es el de vivir más "lentamente", con un metabolismo reducido.

La cuestión es comprender cómo saben las células que les toca dejar de funcionar. ¿Únicamente por el desgaste natural, la acumulación de productos tóxicos y los errores genéticos que se van sumando? ¿O bien existe un programa dentro de nuestros genes que establece hasta cuándo tiene que vivir la célula, y a partir de aquel momento se ha terminado? Pues el hecho de que haya familias particularmente longevas hacía suponer que esta segunda opción era la correcta, aunque otros factores también cuentan. Por muy buenos que sean los genes, si vives rodeado de tóxicos no durarás demasiado.

En realidad ahora empezamos a conocer los mecanismos moleculares que controlan la muerte programada de las células, pero en el caso de los organismos resulta más complicado. Seguramente porque en este tema intervienen un montón de factores. Algunos los empezamos a dominar, y por eso ahora, con las mejoras en calidad de vida y sanidad, gozamos de una esperanza de vida que sería totalmente excepcional para un humano de la época medieval.

Es previsible que la tendencia a vivir cada vez más años se irá manteniendo, probablemente con incrementos cada vez menores, aunque no está claro hasta dónde. Y, todavía menos, de qué manera, porque, según cómo, la verdad es que tampoco vale la pena. No siempre más es mejor.

48 / 100

¿POR QUÉ TENEMOS TAN POCOS GENES?

Existen algunos datos que, a veces, son una cura de humildad. Y a medida que se han ido secuenciando los genomas de distintos organismos se ha podido hacer una de estas comparaciones que pueden resultar hirientes. Hay quien piensa que los humanos somos uno de los organismos más complejos que se encuentran en la naturaleza, la culminación de la evolución, el súmmum de la complejidad. Quizás por eso algunos se pensaban que nuestro material genético tenía que alcanzar un tamaño o cantidad particulares.

Pero, mira por dónde, resulta que la tenemos relativamente pequeña... nuestra dotación genética. Poco más de veinte mil genes bastan para codificar un ser humano. Muy pocos más que un gusano y muchos menos que algunas plantas.

En el año 2000 se calculaba que teníamos unos cien mil genes, una cifra que se redujo hasta cuarenta mil en 2004 y que se volvió a reducir, en 2007, hasta los 20.500 genes que creemos que tenemos a día de hoy. Por comparación, *Caenorabditis elegans*, un gusano muy utilizado en estudios de desarrollo, tiene 19.500, mientras que la planta *Arabidopsis thaliana* dispone de veintisiete mil genes y el arroz roza los cincuenta mil.

Como acostumbra a suceder, las cosas son más complicadas de lo que parece. Normalmente se considera que cada gen contiene las instrucciones para fabricar una proteína. Y las proteínas son las que hacen que nuestras células, y por extensión nuestro organismo, sean como son. Pero ahora estamos viendo que un gen puede procesarse de distintas maneras. Como si una página de un libro se pudiera leer de una tirada, o únicamente unos párrafos, saltándose otros, o una línea sí y la otra no... En cada caso saldría un información relacionada, pero distinta.

Ahora el trabajo es comprender cómo se organiza todo esto. De qué manera la célula decide marcar un gen para ser procesado de una manera o de otra, o de otra.

Cuando Watson y Crick descubrieron la estructura en doble hélice del ADN y se descifró el código genético parecía que estábamos a punto de cerrar el tema. Solo faltaba obtener la secuencia y podríamos comprender completamente el funcionamiento íntimo de la célula. Ahora, sin embargo, nos encontramos que únicamente hemos aprendido el idioma, pero todavía tenemos que saber leer el libro de instrucciones, que está resultando ser mucho más dinámico de lo que podíamos sospechar.

Quizás tenemos pocas piezas, pero las combinamos de maneras muy complejas. Y quizás otros organismos tienen más información, pero la utilizan de manera más simple.

49 / 100

¿POR QUÉ TENEMOS TANTO ADN?

Aunque parezca una contradicción, no lo es. Uno de los enigmas pendientes de resolver es el número sorprendentemente reducido de genes que tenemos, pero esto no quiere decir que vayamos cortos de ADN. Y aquí radica la paradoja. Mucho del material genético que tenemos simplemente no sabemos para qué sirve.

Un error frecuente es pensar que todo el ADN son genes, secuencias que se traducirán en proteínas y que la célula expresa cuando lo necesita. Pero la realidad resulta más compleja. El ADN es una larguísima molécula que se puede leer aplicando el código genético. Al leerla encontramos las instrucciones para fabricar el colágeno, la hemoglobina, el pigmento que da color a nuestros ojos, la proteína que digiere el azúcar, y así hasta la totalidad de las proteínas del cuerpo.

Podría parecer que, a medida que leemos el ADN, cuando acaba un gen empieza el otro. Y a veces sí ocurre así, pero, muchas otras veces, en medio se encuentra una gran cantidad de ADN que no forma parte de ningún gen. Está allí y no se sabe qué hace, para qué sirve, qué finalidad tiene.

Por eso se le puso el nombre, seguro que desacertado, de *ADN basura*.

Debe ser desacertado porque es muy poco probable que no tenga ninguna función, simplemente ocurre que la desconocemos. Es difícil creer que las células mantengan tanto material inútil. Y es que el ADN basura representa casi el 90% de nuestro ADN. Es como si compráramos un libro en que, por cada página correctamente escrita, hubiera nueve que no tuvieran ningún sentido.

En cualquier caso, si fuera ADN inútil, se irían acumulando mutaciones y cambios en estas regiones. Cuando se cometiera un error no tendría más importancia, ya que ninguna proteína resultaría afectada.

Pero el caso es que no es así. Este ADN se mantiene igual de estable que el que forma parte de los genes, de manera que tiene que existir alguna presión selectiva que penalice los errores. En realidad, incluso cuando se comparan especies distintas, se pueden encontrar similitudes importantes en estas regiones. De manera que seguro que sirve para alguna cosa importante. Pero, ¿para qué?

Recientemente se ha completado un estudio internacional para analizar este ADN y los datos obtenidos indican que puede servir para regular la manera en que funcionan los genes. Secuencias de ADN que pueden actuar evitando que determinados genes se lean, o decidiendo en qué momento pueden hacerlo o dejar de hacerlo.

Todo esto nos recuerda una vez más que en estas cuestiones nos queda mucho por aprender. Cuando aprendimos a leer el ADN creíamos que ya lo teníamos todo, como niños que aprenden a leer las notas musicales de un pentagrama. Pero nos queda mucho camino para descubrir cómo puede llegar a sonar una sinfonía interpretada por una orquesta...

50 / 100

¿CUÁNTAS PROTEÍNAS DISTINTAS TENEMOS?

Este vuelve a ser uno de aquellos temas que parece que ya tendría que estar resuelto. Se ha secuenciado el genoma humano por completo, ¿verdad? Pues si ¡sabemos cuántos genes tenemos, saber el número de proteínas codificadas por estos genes tendría que ser fácil. Al fin y al cabo, un gen solo son las instrucciones para hacer una proteína.

Pues el caso es que no es exactamente así. Ya hace años, los biólogos se sorprendieron de la manera aparentemente absurda en que estaban hechos los genes. Si cada gen eran las instrucciones para hacer una proteína, resulta que las instrucciones eran mucho más largas que la proteína final. Buena parte de la información simplemente no se tenía en cuenta. Cuando miraban el ADN que correspondía a un gen determinado, encontraban que al final se acababa convirtiendo en proteína únicamente una fracción del total. Y, además, esta fracción no era continua. Como si comenzaras a leer un libro, de pronto te saltaras unas cuantas páginas, leyeras unos pocos párrafos y volvieras a saltarte páginas. Y así hasta el final.

Llamaron *introne* a estos fragmentos metidos en medio que aparentemente no hacían nada más que molestar, y a los fragmentos del gen que sí se leían los llamaron *exones*.

Pero después empezaron a ver la utilidad. Existían proteínas distintas que provenían del mismo gen. Aquello fue toda una sorpresa, porque parecía un paradigma: un gen – una proteína. Pero aquello que parecía un despilfarro de ADN resultó ser un ahorro. La célula puede hacer distintas proteínas simplemente tomando distintas combinaciones de exones. De nuevo, como si en un libro encontraras historias distintas, pero completas, según si lees los capítulos 1, 2, 4, y 5, los 2, 3, 5 y 6, o los 1, 2, 3 y 6.

Con un único gen la célula fabrica distintas proteínas. Por eso, a pesar de conocer el genoma al completo, todavía no se ha podido averiguar cuántas proteínas distintas podemos hacer.

Naturalmente, esto ha abierto muchas otras preguntas, ya que cuesta imaginar de qué manera la célula decide qué combinación ha de fabricar en cada momento. ¡Ya era bastante complejo averiguar cómo decide qué genes ha de poner en funcionamiento!

Pero es que, además, el ADN es una molécula relativamente simple. Entendámonos. Tiene una complejidad fabulosa y descifrar el genoma ha sido un trabajo absolutamente épico. Una cosa impensable hace muy pocas décadas. Pero las proteínas resultan mucho más flexibles. Se fabrican, pero después se modifican, se cortan, se enganchan entre sí, se les añaden distintos grupos químicos que hacen que funcionen o se queden inactivas...

Por tanto, parece que el magnífico triunfo que ha representado secuenciar el genoma es únicamente el principio del camino para comprender lo que pasa dentro de las células.

51 / 100

EL DESPERTAR DEL ARN

El gran descubrimiento del siglo XX en el campo de la biología fue la estructura del ADN. Aquella doble hélice hecha por unas cadenas larguísimas de ácido desoxirribonucleico que contienen la información genética, lo que nos hace característicos a nosotros y a cada ser vivo de la Tierra.

Pero dentro de la célula se encuentra otra molécula relacionada: el ARN. Se trata de una molécula con unas características químicas parecidas a la del ADN, pero a la que le falta un átomo de oxígeno unido a una ribosa. Por eso uno se llama *ribonucleico* y el otro, *desoxirribonucleico*. Esta pequeña diferencia hace que no forme las elegantes dobles hélices del ADN y que sus funciones celulares sean completamente distintas.

Su función más clásica es la de hacer de mensajero de la información genética. El ADN está guardado dentro del núcleo de la célula, pero las proteínas se fabrican fuera del núcleo. Por tanto, la información del ADN primero se copia en una molécula de ARN, que es la que hace el viaje hacia fuera y es la que será leída para poder fabricar las proteínas, según la información guardada en el ADN.

Los encargados de fabricar las proteínas son unos elementos llamados *ribosomas*, que también están hechos en buena parte por ARN. De manera que pronto fue evidente que el ARN tiene funciones de lo más diverso. Lo que pasa es que, a medida que se conoce mejor la célula, descubrimos que el ARN hace cosas cada vez más diversas. Por ejemplo, el ADN no se lee de manera seguida. Existen espacios en medio de la información que no hay que convertir en proteína. Por eso se deben coger las copias de ARN y cortar los fragmentos sobrantes, llamados *intrones*. Pues bien, encontramos unas pequeñas moléculas dentro del núcleo que se encargan de señalar por dónde hay que hacer estos cortes. ¿Y de qué están hechas estas moléculas? Correcto: de ARN.

Después se ha observado que existe ARN que sirve para identificar infecciones víricas e interferir en su progresión. Cuando uno de estos ARN se une a un ARN vírico, pone en marcha un sistema encargado de destruirlo. Es lo que ahora llamamos *ARN de interferencia*.

Y, finalmente, parece que también se ecuentra bastante ADN que no sirve para codificar ningún gen, pero que allí está. Lo llamábamos *ADN basura*. Pero parece que también se transforma en ARN para hacer algún trabajo que todavía no conocemos. De manera que, aparentemente, el ARN que parecía estar a la sombra del espectacular ADN hace mucho más trabajo del que nos pensábamos, y seguro que todavía nos reserva algunas sorpresas.

52 / 100

REGENERACIÓN DE ÓRGANOS

Es muy triste tener envidia de los gusanos y las salamandras, pero la verdad es que sería fantástico disponer de algunas de sus capacidades. Y en concreto, lo más envidiable es la capacidad de poder regenerar distintas partes del cuerpo. Una salamandra puede perder la pierna sin problemas, porque pronto rehará una nueva. Si esto fuera posible, las personas que han sufrido amputaciones de alguna extremidad no quedarían lesionadas para siempre, los órganos dañados por accidentes o enfermedades se podrían rehacer sin necesidad de trasplantes, y haríamos desaparecer sin dejar rastro las cicatrices que pueden deformar alguna parte de nuestro cuerpo.

Por desgracia, aquello que pueden hacer las salamandras, las planarias o las hidras está fuera de nuestro alcance. Al menos por lo que respecta a la mayor parte de nuestro cuerpo. Pero curiosamente algunos tejidos sí tienen capacidad de regenerarse. Por ejemplo, perder una buena parte del hígado no tiene que ser necesariamente un problema, ya que este tejido sí lo regeneramos.

Y a lo largo de nuestro desarrollo embrionario nuestras células pueden proliferar y dar lugar a todos los tejidos y órganos. De manera que la programación que regula el hecho de que algunas células humanas se pongan a crecer y a diferenciarse y acaben por hacer un brazo, un riñón o un ojo la tenemos en nuestros genes. La clave es identificar cuáles son estos genes, cosa que no tendría que ser demasiado difícil, y comprender cómo se regulan para que hagan su función. Y esto es mucho más complejo. Es necesario que el tejido se regenere en el lugar correcto y sin errores en la orientación, el tamaño o las conexiones con otros órganos. Los vasos sanguíneos tienen que formarse, los nervios tiene que crecer…

Si nos fijamos en qué ocurre con los genes de los animales cuando empezamos a regenerar un tejido observamos muchos cambios.

Muchos genes que se desconectan, otros que aumentan su actividad, otros que estaban silenciosos empiezan a ponerse en funcionamiento. Un festival de cambios genéticos.

En esto tenemos mucho que aprender de los organismos "inferiores". Algunos animales tienen reservas de células "madre" que, cuando detectan una lesión, se mueven hasta el lugar afectado y empiezan a dividirse y cambiar para convertirse en aquello que se ha perdido. En otros casos son células normales que primero pierden las características que tenían, después empiezan a proliferar y finalmente adquieren unas nuevas.

Pero todas estas cosas ya nos pasaron cuando éramos embriones o fetos en desarrollo, de manera que lo que nos toca es descubrir cómo hacer que las células vuelvan a "recordar" aquello que durante una corta etapa de nuestra vida supieron hacer a la perfección.

53 / 100

LO QUE NOS HA HECHO HUMANOS

Algunas personas se oponen frontalmente a la teoría de la evolución simplemente porque les ofende estar emparentados con los grandes simios. Esgrimen razonamientos sofisticados y tendenciosos o hablan de ética y religión, pero al final surge un "no puede ser que vengamos del mono". Es un razonamiento bastante absurdo, porque aunque está claro que estamos emparentados con los simios, y con el resto de los seres vivos, es muy evidente que los humanos somos algo distinto.

El rasgo más importante es que nuestra mente tiene un potencial que supera de largo la de los monos más espabilados. Y si miramos los cráneos de varios de nuestros antepasados, podemos ver muy claramente cómo el volumen del cerebro ha ido creciendo muy, muy deprisa en pocos millones de años. También adoptamos una postura erguida, con todos los cambios que implica en el esqueleto y los dolores de espalda que actualmente sufrimos. También hubo otros cambios igualmente importantes, como modificar el cuello de manera que permitiera la existencia del lenguaje hablado o favorecer la conducta social y tribal y la aparición del lenguaje simbólico.

Pero si comparamos el material genético con los de nuestros parientes más próximos, los chimpancés, vemos que la diferencia es muy pequeña. Tenemos el 99% del ADN exactamente igual. La diferencia, aquello que nos hace humanos, se encuentra en el 1% restante. Naturalmente, la clave no está en la cantidad, sino en la información que contiene este 1%.

Aquí el problema es de tipo experimental. No podemos hacer experimentos anulando genes para ver qué efectos causa por evidentes motivos éticos. En otros animales existen genes que, cuando no funcionan correctamente, alteran el desarrollo del cerebro. ¿Quizás son estos los que la evolución seleccionó para empujarnos hacia la humanidad? Seguramente están implicados, pero también parece probable que no se trate de un solo factor, sino de una combinación de elementos.

Además, las diferencias son sutiles. No debe tratarse de nuevos genes. Basta con algunos que funcionen de manera ligeramente diferente: sistemas de regulación que hagan que las neuronas establezcan conexiones con veinte neuronas en lugar de diez, o que alarguen sus axones un poco más y esto les permita acceder a nuevas zonas del cerebro, o que mueran unas pocas menos y mantener así líneas de comunicación abiertas que antes se perdían...

Y quizás tampoco se puede ser demasiado estricto. Es posible que esta cosa llamada humanidad no sea una línea claramente establecida. Los chimpancés, a pesar de que son diferentes, tienen algunos caracteres, algunos comportamientos que se pueden definir como muy "humanos". Mucho más que otros simios e infinitamente más que otros mamíferos.

En todo caso, ellos se acercaron, pero no lo consiguieron. Nuestra especio tuvo suerte en la lotería genética. Y escondida en aquel 1% se encuentra la combinación ganadora que nos ha hecho ser lo que somos.

54 / 100

LA BASE BIOLÓGICA DE LA CONSCIENCIA

Los pensamientos, las emociones, el humor, la intuición, nuestra manera de ser, todo lo que englobamos bajo el término abstracto de *mente* se genera en el cerebro. Sabemos que es así porque lesiones en el cerebro pueden hacer que el afectado pierda la memoria, la capacidad de hablar, de comprender, de relacionarse y de hacer cualquiera de las cosas que asignamos a la mente. Además, los fármacos que actúan sobre las células del cerebro afectan y modifican precisamente el comportamiento, el estado anímico o las percepciones que tenemos.

De manera que tenemos claro que la consciencia es el resultado de la actividad del cerebro. Lo que no está nada claro es de qué manera ocurre esto. ¿Cuál es exactamente la relación que existe entre el cerebro y la mente? Pues todavía no lo sabemos. Durante muchos siglos las repuestas han llegado exclusivamente de la mano de la filosofía, pero ahora se empieza a abordar esta cuestión con nuevas herramientas experimentales.

Está claro que una neurona aislada no tiene consciencia, ni la tienen un puñado de neuronas creciendo en un cultivo, pero, a medida que el número de células aumenta y se generan conexiones entre unas y otras en distintos niveles, se alcanza un punto en que el total es mucho más que la suma de las partes. Seguramente no se trata de un punto determinado, sino que va apareciendo de manera difusa al principio, y toma entidad a medida que la complejidad del sistema aumenta. Por eso una bacteria no tiene consciencia de sí misma, un gusano seguramente dispone únicamente de respuestas reflejas, una rana ya debe de disponer de bastante más que simple irritabilidad y los mamíferos parece que sí tienen consciencia de sí mismos. Pero, ¿en qué grado exactamente? ¿Qué partes del cerebro son las imprescindibles? ¿Dónde tienen lugar las conexiones nerviosas clave?

Todas estas son preguntas con garantía de premio Nobel para aquel que pueda responderlas, pero de momento tenemos pocas piezas de un puzle extremadamente complejo y vaporoso. La consciencia no es una cosa que se pueda medir fácilmente.

Para hacernos una idea del problema, podemos pensar que en el cerebro tenemos unos diez mil millones de neuronas, y cada una está conectada e intercambia señales con unos cuantos centenares. Por eso se dice que, hoy por hoy, un cerebro representa el kilo y pico de materia más complejo que conocemos en el Universo. Y por eso todavía conocemos mejor el funcionamiento del núcleo de las estrellas que el de nuestro cerebro.

55 / 100

LA MEMORIA

La memoria es la capacidad que tienen algunos organismos para retener, almacenar y recuperar información. Y, en la práctica, la memoria es uno de los fenómenos que nos hacen ser nosotros mismos. Nuestra manera de ser, nuestra personalidad, está condicionada por todo aquello que hemos vivido, y sobre todo por los recuerdos que tenemos. Y si lo pensamos un momento, nos damos cuenta de que la capacidad del cerebro de acumular recuerdos es fabulosa. Algunos ancianos recuerdan el día que se casaron, décadas atrás, con un gran lujo de detalles. Recuerdan la ropa que llevaban, el tiempo que hacía, cómo sonaba la música y qué sabor tenía la comida. Cada detalle, cada cara, cada gesto es un recuerdo guardado en algún lugar del cerebro, y lo podemos recuperar, normalmente sin demasiado esfuerzo.

Pero su funcionamiento todavía se nos escapa. Ya sabemos que existen distintos tipos de memoria. Disponemos de aquella de corta duración que nos permite recordar el número de teléfono que nos han dicho durante el tiempo justo para marcarlo, pero que se desvanece momentos después. Y por otro lado tenemos la memoria a largo plazo, la que guarda aquello que consideramos auténticamente recuerdos.

Pero esto tampoco es tan sencillo. Uno de los enfermos más famosos de la historia fue un paciente al que se le extrajo un pequeño fragmento del cerebro para intentar detener las crisis epilépticas que sufría. La consecuencia de aquello fue que, aunque seguía recordando cosas anteriores a la intervención, perdió la capacidad de incorporar más recuerdos a partir de aquel momento.

De manera que fijar recuerdos en la mente es un proceso complejo que requiere tiempo. Parece que dormir también es importante. Mientras dormimos, el cerebro filtra los recuerdos y se encarga de eliminar mucha información que aparentemente no es necesaria. Otras personas con esta capacidad alterada presentan serios problemas mentales por la incapacidad de olvidar. Y es que es muy duro recordarlo siempre "todo".

Pero, ¿cómo se fijan los recuerdos en el cerebro? ¿Qué es un recuerdo? Tal vez lo que sucede sea que determinadas conexiones entre neuronas se refuerzan. Quizás durante el proceso de incorporar los recuerdos se fabriquen nuevas proteínas que hacen que conexiones neuronales en principio normales pasen a ser más sensibles, o más fuertes. Parece que hay que fabricar nuevas proteínas durante el proceso de fijar la memoria, pero todavía no está claro cuáles ni por qué.

También es posible que se establezcan nuevas conexiones. Antes se creía que el cerebro adulto no fabricaba nuevas neuronas, pero ahora se ha visto que esto no es estrictamente cierto. De manera que es posible que parte del cerebro se vaya remodelando a media que vamos incorporando recuerdos.

Aunque no comprendemos del todo cómo funciona la memoria, pero este conocimiento será imprescindible para luchar contra enfermedades que se caracterizan precisamente por hacernos perder los recuerdos y, con ellos, nuestra personalidad.

56 / 100

COOPERACIÓN

La cooperación es un comportamiento que presentan muchos organismos dirigido a favorecer los miembros del mismo grupo, especie, tribu, clan, nación o equipo de fútbol. Este tipo de comportamiento llega a su máximo exponente en los grupos de insectos sociales, en los que unos individuos son incapaces de sobrevivir sin la ayuda de los otros. Por ejemplo, se conocen comunidades de hormigas en que los guerreros únicamente pueden luchar para defender el hormiguero, pero son incapaces de alimentarse por sí mismos y necesitan de otras hormigas, que viven para masticar y ponerles la comida en la boca.

La ventaja obvia es que todos los individuos de la comunidad tienen más esperanzas de sobrevivir que si actuaran por separado. En ciertas bandadas de pájaros, algunos miembros hacen de vigilantes, mientras el resto comen, y emiten un graznido cuando se acerca un depredador. Así, todos pueden comer tranquilamente, aunque a veces les toque vigilar.

La pregunta que nos queda por responder es: ¿cómo han evolucionado estos comportamientos? Porque se puede imaginar situaciones que favorezcan la cooperación, pero en que en seguida aparezcan individuos con actitudes "egoístas", que tendrán una clara ventaja respecto al resto y, por tanto, tendrían que ser seleccionados. Si el pájaro que tiene que avisar no avisa y simplemente se marcha, el depredador podrá capturar sus compañeros, "cooperadores" pero engañados, mientras que el egoísta sobrevivirá.

Y cualquiera que haya hecho trabajos en equipo sabe que el riesgo más molesto son los aprovechados, que dejan que los otros trabajen mientras ellos se benefician y dedican sus esfuerzos a sí mismos.

Pero el comportamiento corporativo ha evolucionado, de manera que no debe ser tan inestable como se pueda pensar. Hay quien cree que las ventajas del egoísmo se compensan por otro factor que pesa en cualquier comportamiento social. Los que no actúan según la norma tienen más dificultades para ser aceptados. De manera que tal vez sí que le irá mejor al individuo egoísta en una comunidad cooperativa, pero el caso es que tendrá más dificultades para encontrar pareja y reproducirse, de manera que sus genes "egoístas" serán eliminados en la siguiente generación.

Es una buena idea, pero es necesario confirmarla con hechos. Y como esto no se puede estudiar en directo, lo que se hace es abordarlo con simulaciones por ordenador. Ahora podemos simular organismos dotados con "caracteres hereditarios" virtuales, los podemos dejar interactuando en diferentes condiciones y ver qué combinaciones son estables y cuáles son eliminadas. La intuición puede ser una guía engañosa, pero las matemáticas y las simulaciones informáticas nos tienen que ayudar a entender cómo se originó la cooperación, una de las características que más han contribuido a formarnos como humanos.

57 / 100

LA GENÉTICA DEL CARÁCTER

Conocemos personas simpáticas y otras profundamente antipáticas. Algunas son desesperadamente tontas, mientras que a otras las podemos catalogar de genios. Las hay amables y otras que son cínicas sin escrúpulos. Cada ser humano tiene un carácter, una personalidad particular y única que tal vez nos costará definir con palabras, pero que podemos captar sin problemas.

Durante el siglo XIX la división de la sociedad en clases era radical. Por un lado estaba la nobleza, rica, educada, sana. Por otro, los obreros, pobres, incultos, groseros, enfermos y muchos de ellos alcoholizados. La diferencia era tan notable que supusieron que los nobles heredaban la nobleza de carácter, el físico saludable y la capacidad intelectual. Se consideraba que los linajes nobles tenían que engendrar criaturas sanas e inteligentes, mientras que de los pobres y los obreros no podía salir nada bueno.

Esta tendencia no era irrelevante. Si las personas de clase baja no tenían que dejar de ser groseras y estúpidas por su herencia genética, invertir en escuelas y mejores condiciones sanitarias era malgastar el dinero. No se podía mejorar aquello que, por su propia esencia, era limitado. Naturalmente esta filosofía tuvo buena aceptación entre las clases altas.

Pero la realidad es completamente diferente. Las condiciones ambientales o sanitarias, la alimentación y la escolarización condicionan extraordinariamente el desarrollo físico e intelectual de las personas.

Ahora ya nadie, salvo que sea un fanático del peor tipo, defiende que estemos totalmente condicionados por la genética. Pero esto no quiere decir que la herencia no tenga ninguna importancia. Como decía Ortega y Gasset, yo soy yo (los genes) y mis circunstancias (el ambiente).

Lo que todavía no se ha podido hacer ha sido establecer qué parte de nosotros podemos atribuir a cada uno de los dos factores. Se dan discusiones encarnizadas sobre el tema, pero con frecuencia sirven solo para aclarar cuál es la política o la ideología que más gusta a quienes defienden que los genes o el ambiente es el factor más determinante.

A veces incluso se puede leer que tal o cual porcentaje se debe al ambiente o a los genes. Pero la verdad es que son cifras sin demasiado valor. Hoy por hoy, todavía no se sabe.

Y quizás el problema es que la pregunta está mal planteada. Al fin y al cabo, es muy difícil definir una personalidad, una inteligencia o una salud. Que podemos hablar de estos aspectos no quiere decir que sean entidades físicas bien determinadas, y quizás muchas personas hablan de cosas distintas utilizando las mismas palabras.

Sin saber exactamente de qué hablamos resulta muy complicado intentar medirlo.

58 / 100

ORIENTACIÓN SEXUAL

Cuando en algún tema se mezclan las opiniones morales, políticas o religiosas, en seguida se empiezan a oír opiniones que afirman que la ciencia ha demostrado que tal o cual cosa no es normal y, por tanto, se debe hacer lo posible para corregirlo. El problema aparece cuando se pide en qué momento la ciencia ha hecho esta afirmación. Entonces descubres que o no es verdad lo que dicen, o se basan en datos insuficientes, fuera de contexto o tendenciosamente incorrectos.

Y el caso de la orientación sexual humana es un ejemplo magnífico de la cantidad de barbaridades que se pueden llegar a decir.

Durante mucho tiempo se consideró que cualquier tendencia sexual que no fuera la establecida (heterosexual) era, en el mejor de los casos, una enfermedad que era necesario curar, pero también había quien lo consideraba una aberración que había que exterminar.

A fin de cuentas, conocíamos los comportamientos "normales", ¿no? Y la fisiología nos explicaba que el sexo servía para la reproducción, por tanto, cualquier cosa que se apartara de esta finalidad era "antinatural". Por algún motivo, fumar, ir vestidos o cantar no se consideraba antinatural. Pero ya se sabe que se recurre a la ciencia únicamente cuando interesa y con los ejemplos que nos van bien. El resto, sencillamente, los ignoramos.

En cualquier caso, ahora ya está claro que la tendencia sexual de cada persona no es una elección que se haga en un momento dado, ni el resultado de ninguna patología. Pero tampoco están claros los factores que determinan si alguien será heterosexual, homosexual, asexual o bisexual.

De vez en cuando aparecen informaciones que afirman que han identificado un gen que predispone a la homosexualidad. Normalmente es porque una determinada variante de aquel gen se detecta en proporciones más altas de lo esperado en poblaciones homosexuales. Pero pensar que un único gen puede determinar cosas tan complejas como el comportamiento humano referido al sexo es simplificar las cosas de una manera extraordinaria.

Como siempre, la orientación final será el resultado de las interacciones entre la base genética, diferente para cada persona, y el ambiente. Y aquí debemos ir con cuidado al definir el ambiente. Quizás no tiene tanta importancia el ambiente familiar o social como se nos quiere hacer creer. Quizás los niveles de hormonas a que el embrión está sometido durante la gestación pueden ser mucho más importantes.

Posiblemente un ambiente familiar determinado hará que cada persona se acepte con más o menos facilidad. Pero lo que determina qué tipo de individuos nos atraen y cuáles no, no es un factor sencillo. Y hoy por hoy, cualquier información que diga que sabe por qué debemos tomarla con mucho cuidado. Todavía existe demasiada ideología detrás de estos temas.

59 / 100

DORMIR

¿Por qué motivo tenemos que dormir? La pregunta tiene más implicaciones de las que parece, ya que, bien pensado, un organismo que se pasa un tercio del día desconectado del mundo que lo rodea representa un presa fácil para sus depredadores. Además, un competidor que no durmiera ocuparía más territorio, se llevaría las mejores parejas, acapararía la comida disponible y acabaría por hacer desaparecer al dormilón en poco tiempo.

Pero el caso es que todos los animales superiores pasan este rato diario de desconexión. Por tanto, podemos concluir que debe representar una ventaja evolutiva o, al menos, un condicionante inexcusable.

La respuesta que se da a los niños pequeños no sirve de mucho. Dormimos para descansar. Esto es verdad, pero para descansar en realidad no hace falta dormir. Muchísimos animales se pasan el día echados tomando el sol, excepto cuando van de cacería. Pero, aun así, necesitan dormir. Además, el sueño nos llega aunque no estemos cansados. Incluso, a veces, demasiado cansancio nos dificulta conciliar el sueño.

Otro dato interesante es el hecho de que privar del sueño es una forma muy eficaz de tortura. Si este estado se alarga demasiado tiempo, se empiezan a sufrir alucinaciones, estados mentales alterados y finalmente la muerte.

De todas maneras, siempre encontramos excepciones, y algunas personas que han sufrido daños o enfermedades en el cerebro pueden perder la capacidad de dormir sin resentirse demasiado. ¿Por qué motivo? Pues todavía no lo sabemos.

En cualquier caso, algunas cosas empiezan a averiguarse. Si medimos la actividad del cerebro mientras dormimos, podemos observar que realiza una gran cantidad de trabajo. Un trabajo distinto del que realiza cuando estamos despiertos, pero que parece imprescindible para organizar la memoria, el aprendizaje y la personalidad. El cerebro parece decidir qué recuerdos debe guardar de manera más permanente y qué cosas se pueden olvidar.

Una suerte de puesta a punto diaria del sistema. Y aparentemente estas actividades no se pueden hacer mientras estamos despiertos. Entonces el cerebro está ocupado en otras cosas que le reclaman toda su atención.

Todo esto nos sugiere que necesitamos dormir a causa de la propia estructura del sistema nervioso. Pero todavía nos falta mucho para comprender qué tipo de cambios tiene lugar en el cerebro mientras dormimos. En cualquier caso, no cabe duda de que son muy importantes. ¡Ahora mismo, mientras leemos esto, existen casi dos mil millones de personas en el mundo que están durmiendo!

60 / 100

SOÑAR

Estrechamente relacionado con el hecho de dormir está el hecho de soñar. Ciertamente es un estado absolutamente intrigante el hecho de vivir una vida que no es real, pero que, cuando nos encontramos en ella, no podemos distinguir de la realidad. Los sueños son el mejor recordatorio que el mundo, los sentimientos, nuestra personalidad, todo lo que recordamos y experimentamos es, básicamente, el resultado de la actividad de las células de nuestro cerebro. Y si estas mismas células se ponen a trabajar "por libre", como cuando soñamos, nosotros mismos lo experimentamos como realidad, por extraño que sea.

La misma peculiaridad de los sueños ha hecho que muchas culturas vieran en ellos representaciones mágicas, mensajes de los dioses o puertas abiertas a mundos esotéricos. Incluso desde el punto de vista del psicoanálisis se cayó en el mismo error, y se buscaron interpretaciones donde seguramente no las hay. Como quien trata de encontrar formas en las nubes. Las puede identificar, pero no tienen ningún sentido real.

De todos modos, los sueños tienen que servir para comprender mejor el funcionamiento de la mente. Si dormir es el estado en que las actividades superiores del cerebro se desconectan para hacer trabajos de mantenimiento, soñar es el resultado de estos trabajos. Como el ruido de un motor cuando está al ralentí. No genera movimiento en el vehículo, pero indica que alguna cosa se está moviendo. Podría ser que parte de los trabajos que hacen las neuronas durante la noche se relacionen tan estrechamente con el estado de percepción de la realidad que nosotros, subjetivamente, no podamos distinguir los dos estados.

Cuando se han hecho electroencefalogramas del cerebro se ha observado que el rato que dormimos se divide en distintos estados de actividad del cerebro. Ahora ya sabemos que los sueños se producen en una de estas etapas, la que llamamos *fase REM*. Lo interesante es que los animales también pasan por esta fase. ¿Es posible que ellos también sueñen? Parece que sí. Mientras dormimos no nos movemos, porque una zona del cerebro hace de interruptor y "desconecta" el envío de señales nerviosas activas hacia los músculos. Pero gatos que tienen lesionado este "interruptor" se mueven y hacen movimientos como si cazaran ratones mientras se encuentran en la fase REM del sueño.

De manera que parece que también compartimos con nuestros parientes animales el sueño. Y aunque que no sabemos exactamente el motivo por el cual soñamos, esta nos lleva otras preguntas curiosas: ¿qué sueñan los pájaros? ¿Los murciélagos sueñan un mundo de ultrasonidos? ¿Cómo son los sueños de los animales marinos?

Y es que existen muchas preguntas interesantes más allá de... ¿soñará conmigo aquella chica tan atractiva?

61 / 100

BOSTEZAR

Todos sabemos que, cuando llega un bostezo, no lo podemos detener. Una sensación que nos empuja inexorablemente a abrir la boca y aspirar profundamente, pero que también nos lleva a estirar la musculatura del cuello, nos destapa las orejas, genera saliva y muchos más pequeños detalles fisiológicos que, bien mirado, no parecen servir para nada.

En muchos lugares se dice que sirve para oxigenar el cuerpo con una profunda inspiración, pero esto es una especie de "leyenda urbana" de la fisiología. La realidad es que nadie ha podido comprobar que esta sea su finalidad. De hecho, más bien al contrario. Después de un buen bostezo, el grado de oxigenación en la sangre casi no se ha modificado. Y al revés: estar sobreoxigenado no hace que bostecemos menos.

Otra posibilidad, más rebuscada, es que sea el resto evolutivo de algún sistema para coordinar el estado anímico del grupo social. Suena bonito, pero el caso es que bostezar no es un actividad exclusiva de los humanos, y muchos animales vertebrados lo hacen. No sé si las tortugas coordinan su actividad social a base de bostezar, pero me parece poco probable. En cualquier caso, las tortugas, los pájaros, los perros y muchos animales que no son particularmente sociales también bostezan.

En el fondo, el principal problema en esto de los bostezos es que son una curiosidad para la cual no tenemos explicación, pero que tampoco tiene demasiada importancia. Por tanto, ¿quién dedica dinero y tiempo en investigar y realizar experimentos tratando de averiguar el porqué de los bostezos? Y lo que es más, ¿de qué manera se puede conseguir financiación para estas investigaciones? Seguro que si hubiera una enfermedad grave que se pudiera curar gracias al mecanismo del bostezo, nuestros conocimientos serían mucho mayores. En realidad, nunca se sabe por dónde saldrá una nueva terapia, pero se debe reconocer que investigar sobre el bostezo parece más un *divertimento* científico que otra cosa.

Por eso podemos notar una tendencia entre los científicos a emitir una hipótesis más o menos razonable y seguir con otras cosas más importantes.

Eso sí. Los bostezos se contagian con una irritante facilidad entre los humanos (y únicamente entre ellos) y, por algún motivo, siempre nos pillan en el momento socialmente menos oportuno.

62 / 100

CRECIMIENTO, CUERPOS Y ÓRGANOS

Una cosa fantástica es ver cómo crece un niño. Aquella cosa pequeña, poco a poco se va convirtiendo en una personita. Habrá que comprar ropa cada año, los zapatos quedarán pequeños a ritmo desconcertante e irá dando estirones increíbles. Pero poco a poco adquirirá la fisionomía y el cuerpo de una persona adulta y la magia del crecimiento se desvanecerá.

Y esto implica una fina regulación a nivel fisiológico. Todos los órganos del cuerpo van creciendo coordinadamente. Los pulmones, que en el momento de nacer eran increíblemente pequeños, llegarán a su capacidad máxima al final de la adolescencia. El hígado de un niño es tan pequeño que actualmente se puede aprovechar un donante de hígado adulto para hacer dos trasplantes a criaturas. El crecimiento afecta a todos los órganos, a pesar de que no todos crecen al mismo ritmo ni durante los mismos periodos.

Pero al final este fenómeno se detiene. Y de nuevo este frenazo afecta a todos y cada uno de nuestros órganos. Los intestinos, el páncreas, el cerebro... llegan al tamaño definitivo y dejan de crecer. Las células que los componen dejan de dividirse. Los vasos sanguíneos que llevan los nutrientes ya no se alargarán más. Las neuronas que inervan cada tejido dejan de crear nuevas conexiones.

¿Cómo saben las células que ha llegado el momento de dejar de dividirse?

La respuesta es que existen hormonas que regulan el crecimiento. La más conocida es, como su nombre indica, la hormona del crecimiento. Una substancia que genera el organismo y que hace que las células vayan dividiéndose y el organismo vaya creciendo. Pero con esto solo redefinimos la pregunta: ¿cómo sabe el organismo que tiene que dejar de producir la hormona del crecimiento? ¿Y cómo lo sabe cada uno de los tejidos? Porque cada órgano crece a su ritmo. Armónicamente, pero no como una marcha militar en la que todos van al mismo paso.

La respuesta parece ser la combinación de distintas hormonas, cada una actuando sobre un sistema u otro. Ya conocemos factores de crecimiento que regulan los vasos sanguíneos, los nervios, los músculos, los epitelios. Y no existe un solo factor solo para cada tejido. Un puñado de moléculas que actúan coordinadamente hacen que al final cada pieza del cuerpo ocupe su lugar.

De hecho, el cáncer aparece cuando algunas de estas señales dejan de actuar cuando toca. La orden de seguir creciendo se mantiene, pero ya no de forma coordinada con el resto, y el caos aparece en el organismo.

Por eso, entender cómo se regula todo el sistema que nos hace crecer, pero sobre todo hace que dejemos de crecer, será un gran paso en el control de algunos tipos de cáncer.

LA SALUD

63 / 100

LA PUBERTAD

La llegada de la pubertad es todo un acontecimiento en la vida de cada persona. Sobre todo en el caso de las chicas, para quienes el día de la primera regla marca un antes y un después bien definido. Los chicos no cuentan con ninguna fecha que quede marcada en su memoria, pero un buen día se llega a tomar consciencia que las cosas están cambiando y que la infancia queda definitivamente atrás.

Esta serie de cambios físicos, la aparición del vello púbico, los cambios en la forma del cuerpo, las alteraciones en la voz, el desarrollo de los pechos, las erecciones... no dejan de ser el reflejo externo de una serie de modificaciones que las células del cuerpo están experimentando en respuesta a baños de hormonas generadas por una serie de glándulas, desde la hipófisis o el hipotálamo hasta los testículos o los ovarios.

De manera que no parece que haya ningún problema. La pubertad es la respuesta del cuerpo a las hormonas que marcan el paso del niño al adulto. Pero el caso es que existe una cierta variabilidad en la aparición de la pubertad que pone de manifiesto el hecho de que es necesaria alguna explicación más. ¿Qué factor desencadena esta generación de hormonas?

Porque si bien la pubertad se da entre los ocho y trece años en niñas y entre los nueve y los catorce en niños, estas cifras son muy flexibles, como saben bien los profesores de escuelas de los cursos correspondientes, que tienen que batallar con clases donde conviven niños todavía inmaduros y adolescentes muy desarrollados.

Y también se dan casos extremos en que la pubertad puede producirse muy pronto. El caso más extremo del que se tiene constancia fue el de Lina Medina, una niña de Perú que fue madre a los cinco años y tuvo la primera menstruación antes de los tres.

En principio, si algo tenemos claro es que no se trata de un único factor. Por ejemplo, hace tiempo que se sabe que la alimentación tiene un papel importante. Esto lo sabemos porque simplemente modificando la dieta se puede cambiar el momento de la madurez sexual en animales de experimentación. También se han identificado algunas hormonas relacionadas con el tejido adiposo, como la leptina, que controlan el proceso, pero en ningún caso parecen ser el interruptor que lo pone en marcha. En cualquier caso, si el cuerpo no cuenta con suficientes reservas de grasa el proceso no empieza.

También se ha identificado un gen que si ha mutado hace que la pubertad aparezca muy pronto. Pero esto no pasa siempre. Algunas mujeres han tenido la menstruación muy jóvenes y tienen el gen normal, de manera que otros factores todavía se nos escapan.

Una vez más, nuestro cuerpo responde a sus señales internas, pero también a estímulos externos que no acabamos de identificar y que se adaptan de manera que no acabamos de comprender.

64 / 100

LA FUNCIÓN DEL APÉNDICE

Del apéndice suele decirse que no sirve para nada, que se puede extirpar sin problemas y que, en la práctica, lo único que hace es inflamarse ocasionalmente y causar una apendicitis. De todos modos parece que es injusto pensar en el apéndice únicamente por su relación con la apendicitis. Ciertamente, durante mucho tiempo se consideró que era sencillamente un resto inútil de la evolución. Los restos de lo que en otros mamíferos había sido una parte del final del tubo digestivo de los herbívoros, donde se completa la digestión de la celulosa. Anatómicamente es como un saco colgando de los intestinos, y allí tienen una buena reserva de bacterias que ayudan a acabar la digestión de las fibras vegetales más intratables. Las bacterias aprovechan parte del alimento y el herbívoro absorbe el resto. Todo el mundo contento.

Pero también contamos con datos que indican que durante el desarrollo de los bebés el apéndice actúa como uno de los órganos del sistema linfático. Junto con las amígdalas y los ganglios linfáticos, es uno de los lugares donde los linfocitos maduran.

En el caso del apéndice, parece que su función tiene lugar durante la etapa inicial de la vida, y después pierde importancia. Y como existen otros lugares del cuerpo donde los linfocitos pueden madurar, extirparlo no representa un problema grave.

Pero también se ha propuesto alguna otra función para el apéndice. Podría servir para repoblar los intestino con la flora bacteriana intestinal cuando, por algún motivo, esta se pierde. El caso es que en el apéndice se encuentra un buen número de bacterias que pueden estar creciendo en un lugar más seguro que el resto de los intestinos. De manera que se puede tratar, sencillamente, de una reserva de bacterias útiles para nosotros.

El debate sigue abierto y quizás al final el apéndice sea tan solo un residuo evolutivo. Un órgano que en algún antepasado nuestro, posiblemente con dieta vegetariana, sí que tenía alguna función, y a medida que nos fuimos adaptando a comer de todo fue perdiendo su función.

En todo caso no cabe duda de que, al menos, tiene funciones útiles para la práctica clínica. La evolución no tiene nada que ver, pero el apéndice se puede utilizar en cirugía para muchas cosas. Como se puede extirpar sin problemas, es útil como fuente de tejido para hacer reconstrucciones. Por ejemplo, en algunas intervenciones donde se ha extraído parte del uréter, se puede sustituir por un trozo del apéndice, que no deja de ser como un tubito.

Y, claro está, también sirve para que los cirujanos novatos empiecen a hacer intervenciones poco complicadas. Por lo visto una apendicetomía es una operación muy sencilla y, ya que algún día han de empezar a operar, mejor coger práctica con cosas fáciles.

65 / 100

CONTROLAR EL SISTEMA INMUNITARIO

El sistema inmunitario es uno de los mejores regalos que nos ha hecho la evolución. Sin este ejército celular constantemente dispuesto a luchar contra todo tipo de invasores, sean virus, bacterias o parásitos, nuestro cuerpo sería invadido por las infecciones con una facilidad terrible. Esto durante mucho tiempo fue un enigma, porque las células del sistema inmune actuaban contra todo lo que entraba dentro de nuestro cuerpo, incluso contra productos sintéticos fabricados por el hombre y que, por tanto, la evolución no podía haber previsto. ¿Cómo lo hacen estas células para reconocer a los invasores?

La respuesta es un mecanismo ingenioso que les permite discriminar aquello que es propio de todo lo que es ajeno. Durante el desarrollo fetal fabricamos células que hacen anticuerpos y que reaccionan contra prácticamente todas las estructuras moleculares imaginables. Después, durante una corta etapa de la vida prenatal, aquellas células que reconocen alguna cosa del cuerpo son eliminadas. De esta manera únicamente quedan las que actúan contra agentes diferentes de los del propio organismo.

Pero esto, que ha sido una bendición para luchar contra las infecciones, ha resultado una pesadilla a la hora de hacer trasplantes de órganos. Una terapia inimaginable hace pocas décadas, pero que hoy resulta clave para curar muchas enfermedades. El problema es que el tejido trasplantado es "ajeno" a nuestro cuerpo y, en consecuencia, el sistema inmunitario se moviliza en contra y causa el temido rechazo.

De hecho, los trasplantes de órganos no se revelaron como una alternativa viable hasta que aparecieron medicinas que desactivaban el sistema inmunitario. Inmunosupresores como la ciclosporina hacen que nuestras defensas no ataquen al tejido trasplantado y permiten que el injerto, y por tanto el paciente, sobreviva.

El problema es que desactivar el sistema inmunitario es abrir la puerta a todas las infecciones. Simplemente nos quedamos sin defensas contra todo microorganismo que decida instalarse en nuestro interior. Y eliminar la inmunosupresión permite luchar contra las infecciones, pero entonces aparece el rechazo. En la práctica se debe mantener el sistema funcionando bajo mínimos, en un delicado equilibrio.

Por desgracia todavía no sabemos cómo controlar selectivamente la respuesta inmunitaria. Que nuestros linfocitos sigan activos contra los microorganismos, pero que dejen tranquilo al tejido trasplantado. Conseguir esto permitirá obtener el máximo rendimiento de la terapia de los trasplantes. Se han hecho experimentos que sugieren que no tiene que ser imposible "educar" a nuestras células en la inmunotolerancia, pero de momento todavía no se ha encontrado la estrategia adecuada.

66 / 100

LA FIBROMIALGIA

Algunas enfermedades siguen rodeas de misterio, y una de las más conocidas por este motivo es la fibromialgia. De hecho, no fue hasta 1982 cuando la OMS la catalogó como enfermedad, y aún hoy hay médicos que se resisten a hacerlo. No es que sean particularmente escépticos, sino que la enfermedad resulta muy difícil de describir y catalogar, sobre todo porque se define por una cosa tan difícil de valorar como es el dolor.

La característica principal de la fibromialgia es el dolor crónico en tejidos fibrosos, músculos, tendones y huesos. Pero, aunque todos sabemos qué es el dolor, cuesta definirlo y sobre todo explicarlo. Uno de los problemas que tienen los médicos es que con mucha frecuencia reciben pacientes que tienen dolor, pero que son incapaces de explicar qué tipo de dolor es. ¿Como una punzada? ¿Una quemadura? ¿Un golpe? ¿Una presión? ¿Una rampa? ¿Localizado? ¿Difuso? El dolor es una percepción subjetiva y, por tanto, muy difícil de transmitir.

En el caso de la fibromialgia es un dolor parecido al de cuando tenemos una afección vírica y nos duele todo el cuerpo, nos molesta la piel e incluso la ropa, cuando cualquier movimiento que normalmente hacemos sin pensar nos recuerda que tenemos un trancazo, que estamos molidos. Esto, que nos ha podido durar uno o dos días, se alarga crónicamente en pacientes de fibromialgia.

Lo que pasa es que normalmente el dolor se puede asociar a un daño en el cuerpo. Entonces el médico cura la herida (o la quemadura, o la presión, o lo que sea) y el dolor desaparecerá. El problema con la fibromialgia es que, aparentemente, no existe nada que genere el dolor. Esto es lo que desconcertaba a los médicos, y durante mucho tiempo se consideró la fibromialgia como una entidad poco "real". Además, el hecho de que afecte principalmente a las mujeres no facilitó nada su reconocimiento en un mundo machista como el nuestro. Afortunadamente, esta idea ya ha cambiado, y ahora se está trabajando mucho en intentar averiguar cuál es el mecanismo que lleva a la fibromialgia.

Inicialmente se pensaba que el problema estaba en los mismos músculos, pero ahora se está investigando alteraciones en el sistema nervioso. ¿Acaso las neuronas del dolor se disparan con estímulos demasiado débiles? ¿Un exceso de neurotransmisores? ¿Un exceso de receptores? ¿El problema está en las neuronas que detectan la señal? ¿En las que transmiten la señal al cerebro? ¿En la interpretación de la señal en el cerebro? Muchas preguntas y pocas respuestas.

Hace poco pareció que un virus estaba implicado en la fibromialgia y en una enfermedad relacionada, el "síndrome de fatiga crónica". Se identificó la presencia de un retrovirus llamado XMRV en pacientes afectados por estos procesos. Si se tratase de un virus, al menos sabríamos contra qué luchar. Por desgracia, posteriores estudios no pudieron confirmar el hallazgo y la conexión virus XMRV–fibromialgia se desvaneció.

Hoy por hoy, la fibromialgia no tiene tratamiento, no conocemos su causa, cuesta diagnosticarla… Pero, al menos, la carrera para investigar esta enfermedad ya ha empezado, y podemos esperar que, con el tiempo, este panorama irá cambiando. Más vale tarde que nunca.

67 / 100

LA ESQUIZOFRENIA

Se trata de la afectación mental más frecuente, que afecta casi al 1% de la población. La esquizofrenia se caracteriza por alucinaciones, distorsiones del pensamiento, disociación entre la realidad y el mundo personal del afectado y una serie de alteraciones que se pueden manifestar de muchas maneras e intensidades.

Pero a pesar de la gran prevalencia de la enfermedad, aún no sabemos por qué motivo aparece. Se van descubriendo factores genéticos que están relacionados, se van ensayando tratamientos farmacológicos y psicológicos y se va analizando muestras de cerebros de enfermos, pero todavía nos enfrentamos a muchas más sombras que luces.

Algunos fármacos que actúan sobre el neurotransmisor dopamina ayudan a mejorar la sintomatología, de manera que quizás la dopamina está implicada en la enfermedad. Pero la dopamina es únicamente una señal que se envían las neuronas para comunicarse entre ellas. Y el cerebro es una estructura demasiado compleja para esperar encontrar respuestas sencillas en todo lo que tenga que ver con él.

Además, la esquizofrenia esconde una paradoja. Como muchas enfermedades, parece que es un combinación de genética y de efectos ambientales. Pero teniendo en cuenta la gravedad de la enfermedad, se podría esperar que los genes relacionados con la esquizofrenia fueran desapareciendo. Y, en cambio, se ha observado lo contrario. A lo largo de la evolución de los humanos parece que estos genes han sido seleccionados positivamente.

El motivo, obviamente, es que se necesitaban para lograr alguna función que daba una ventaja evolutiva importante. La pena es que ignoramos cuál. Se han formulado teorías que la asocian con la aparición de algunas funciones cerebrales superiores características de los humanos. Como si fueran necesarios estos genes para poder desarrollar el cerebro humano con todas sus capacidades: el lenguaje, la abstracción, la imaginación… Muchas funciones, que requieren el trabajo conjunto de muchos genes y que, cuando no funcionan correctamente, cuando se desorganizan, conducen a la esquizofrenia.

Naturalmente, que la esquizofrenia sea el precio que la humanidad tiene que pagar para conseguir precisamente ser humana no es ningún consuelo para los que la sufren o, todavía menos, para sus familiares. Pero quizás comprender el motivo de su origen nos acercaría un poco al tratamiento.

68 / 100

EL ALZHEIMER

La enfermedad de Alzheimer es un proceso neurodegenerativo que aparece normalmente en personas de edad avanzada. La característica principal es la pérdida de memoria, pero también se deterioran otras capacidades mentales necesarias para la comprensión, el habla, la percepción… Poco a poco el enfermo va perdiendo la mayor parte de lo que constituye la personalidad. Aquello que nos hace ser nosotros mismos. Finalmente también se deteriora la movilidad y los pacientes quedan absolutamente incapacitados.

El motivo de la enfermedad no se conoce. Se sabe que en el cerebro de las personas afectadas aparecen una serie de alteraciones. Se acumulan unas proteínas que forman placas, se alteran los niveles de los neurotransmisores, también se han descrito alteraciones en funciones celulares como el receptor de la insulina, tiene lugar un aumento en la muerte programada de las neuronas y, en imágenes obtenidas con escáneres, se han observado cambios en la estructura del cerebro.

Pero todo esto no nos dice el motivo final que causa la enfermedad. Como siempre, tiene que ser una combinación de genética y ambiente, aunque, en este caso, el factor ambiental más importante es la edad.

Hoy por hoy, todavía estamos lejos de encontrar una cura o una prevención para el Alzheimer, ya sería mucho conseguir ralentizar el progreso de la enfermedad. En un tiempo en que la esperanza de vida se va alargando cada vez más, Alzheimer es una limitación terrible. ¿Qué sentido tiene luchar por vivir cien años si en los últimos ya no seremos nosotros mismos? Pero si se dispusiera de fármacos que ralentizaran el progreso ya sería otra cosa.

Ahora se dispone de fármacos para reducir el impacto de la enfermedad en los neurotransmisores, también contamos con agentes antiinflamatorios, hormonas y antioxidantes que están en estudio, pero todos tienen una eficacia muy limitada y con algunos efectos secundarios. Uno de los grandes retos actuales es conseguir nuevos fármacos, más potentes y con menos efectos secundarios, que nos permitan encarar la vejez sin miedo de dejar de ser nosotros mismos.

69 / 100

EL AUTISMO

El autismo es un síndrome que resulta particularmente desconcertante. Los niños autistas se caracterizan por una extrema dificultad en la interacción social. Pueden experimentar los sentimientos como todo el mundo, pero lo hacen en situaciones desconcertantes y, sobre todo, no muestran ninguna comprensión por los sentimientos de los otros. No parece que sepan cuándo quienes los rodean están contentos, o enfadados, o tristes.

Sabemos que interviene un componente genético, y que la enfermedad puede presentar distintos grados, algunos muy extremos, en que los niños nunca llegan a hablar y su comportamiento es repetitivo, autoagresivo y completamente inusual. Otros tienen leves cambios en las relaciones personales, pero llevan vidas mucho más "normales".

Aunque de momento no está claro cuáles son las alteraciones que sufren los cerebros de los niños autistas, ya parece que empezamos a descubrir algunas pistas. Generalmente todos podemos intuir lo que hacen o sienten las personas que los rodean. Por ejemplo, cuando estamos con alguien que llora, nosotros nos sentimos mal, y, por el contrario, todos sabemos que la risa es contagiosa. En cualquier caso, es evidente que tenemos la capacidad de ponernos en el lugar del otro. Una capacidad imprescindible para animales sociales como nosotros y que en el autismo parece que es la más alterada.

Hace unos cuantos años, unos investigadores analizaban qué neuronas se activaban en el cerebro cuando hacíamos determinadas acciones. Registraban la actividad neuronal en el momento de coger un objeto para identificar las zonas aplicadas en el control del movimiento. Pero observaron que algunas neuronas también se activaban mirando cómo alguien cogía el objeto. Y lo hacían de la misma manera que cuando realmente se hacía el gesto.

En realidad lo que acababan de descubrir eran las neuronas que permiten que el cerebro se haga una imagen mental de lo que está haciendo otra persona. Un sistema que nos permite "sentir" aquello que está viviendo alguna otra persona. Pueden ser la base fisiológica de aquello que llamamos empatía.

Pues estas neuronas, denominadas "neuronas espejo", parece que no funcionan correctamente en el caso del autismo. Y si no funcionan correctamente el cerebro estará incapacitado para ponerse en el lugar de los otros. Quizás por eso un niño autista no comprende si alguien está enfadado o contento, irritado o tranquilo. Estas cosas que todos podemos "notar" no existen para él. Y, sin esta capacidad, interaccionar socialmente resulta extraordinariamente complicado.

Quizás con este enfoque se encontrará algún tratamiento para el autismo, dirigido a mejorar la actividad de las neuronas espejo o a hacer que otras células adopten su papel. Y es que conseguir que los que sufran autismo perciban los sentimientos de los otros sería como volver la vista a un ciego o el oído a un sordo.

70 / 100

PRIONES

Durante el siglo XX se describieron una serie de enfermedades en humanos y animales que desconcertaban a los médicos. Todo empezó con unos exploradores que observaron que los miembros de algunas tribus de Nueva Guinea sufrían una enfermedad neuronal llamada *kuru* que producía temblores, dificultad para andar, espasmos musculares y, finalmente, demencia y muerte. Los investigadores se dieron cuenta de que los afectados practicaban canibalismo y que se comían el cerebro de sus familiares. Al sospechar que aquí podía encontrarse el método de transmisión, consiguieron fragmentos de cerebros de algunas víctimas de la enfermedad y los llevaron al laboratorio. Allí descubrieron que, efectivamente, animales alimentados con aquellos cerebros reproducían la enfermedad.

El problema era que no conseguían localizar ningún agente infeccioso. Ningún virus, ninguna bacteria, nada. Ni siquiera el material genético de los hipotéticos virus. De hecho, la capacidad infecciosa se mantenía a pesar de destruir el ADN o el ARN que se encontraba en los cerebros.

Poco a poco se abrieron líneas de investigación más osadas y finalmente se propuso que el agente que transmitía la enfermedad era una simple proteína. Como era una proteína con capacidad de infectar, la llamaron *Prion* (de *Proteinaceous Infection*).

Pero las proteínas necesitan ADN para ser transmitidas. Ellas solas no se pueden duplicar. ¿Cómo lo conseguían los priones? Se inoculaba una pequeña cantidad de priones en el cerebro de un ratón sano y, poco a poco, el cerebro se llenaba de priones. ¿De dónde surgían estos nuevos priones?

Al final se encontró el gen que codifica los priones. ¡Y la sorpresa fue que todos los tenemos en nuestro ADN!

Lo que ahora sabemos es que existen dos formas de la proteína. La normal, que tenemos todos en nuestras neuronas, y la infecciosa, que es la misma proteína pero replegada de manera distinta. Como los juguetes de los niños que son un coche que se transforma en un dinosaurio, según como los dobles.

Lo que hace la forma infecciosa es que nuestras proteínas normales se plieguen mal. ¿Cómo? Pues todavía no se sabe. Pero las nuevas proteínas mal plegadas harán que otras proteínas se plieguen mal, que de nuevo harán que otras proteínas…

Y es que todavía quedan muchas preguntas sin respuesta. ¿Por qué a veces la proteína se pliega mal? ¿Por qué esto causa una enfermedad? ¿Qué función tiene la proteína normal? ¿Cómo aguanta el paso por la boca y el estómago hasta el cerebro sin ser digerida?

Todavía queda mucho para seguir investigando en el mundo de los priones. Y desde que se supo que enfermedades como la de las "vacas locas" están causadas por priones, la prisa es todavía más acuciante.

71 / 100

EL CÁNCER

Pocas enfermedades se han estudiado tanto como el cáncer. Durante décadas se han destinado esfuerzos inmensos, grandes cantidades de dinero y las mentes más brillantes para comprender y tratar de vencer esta enfermedad. Y ciertamente los esfuerzos han dado su fruto. Ahora sabemos muchísimo sobre la mayor parte de cánceres. Porque lo primero que se debe resaltar es que el cáncer no es una sola enfermedad, sino un conjunto de situaciones patológicas en las que algunas células empiezan a crecer desordenadamente e invaden y afectan otros tejidos hasta que todo el organismo se resiente.

La primera pregunta fue: ¿por qué motivo una célula empieza a actuar de esta manera? Muy pronto, sin embargo, se vio que era necesario comprender el motivo que hace que las células, que están creciendo y adquiriendo determinadas características a medida que nuestro cuerpo se va formando durante el crecimiento embrionario, cuando llega el momento, dejen de proliferar. Descubrir los mecanismos que regulan este comportamiento tenía que ayudar a entender por qué a veces volvían a comportarse de manera similar.

Ahora ya sabemos cuáles son buena parte de los genes que participan en el cáncer. Conocemos los oncogenes (genes que cuando tienen mutaciones y funcionan demasiado favorecen el cáncer) y los genes supresores de tumores (unos que si dejan de funcionar también favorecen el cáncer). También estamos descubriendo cómo lo hace el tumor para lograr que se generen vasos sanguíneos a su alrededor y así conseguir nutrientes. Finalmente se está intentado comprender cómo esquivan el sistema inmunitario.

Con todo esto de momento se ha logrado, no vencer, pero sí plantar cara al enemigo. Ahora la mayor parte de los cánceres tiene posibilidades de tratamiento. Ya son muchas las personas que han vencido al cáncer. Pero por desgracia, la victoria definitiva todavía está lejos. Podemos decir que estamos equilibrando las cosas, que un diagnóstico de cáncer ya no es una sentencia segura. Pero tampoco existen garantías de estar entre los afortunados que salen adelante.

Además, la variabilidad es muy grande. Algunos tipos de cáncer se curan en proporciones muy altas, pero otros se resisten dramáticamente a las mejores herramientas terapéuticas de que disponemos.

También se intenta, si no curar definitivamente, lograr detener el progreso de la enfermedad. Hacer que se convierta en un estado "crónico". Esto daría tiempo a muchos pacientes para seguir haciendo vida normal mientras esperan la aparición de mejores tratamientos.

En cualquier caso, la victoria de la medicina sobre el cáncer está cada vez más cerca.

72 / 100

VACUNA PARA EL SIDA

En junio de 1981 el Centro para la Prevención y Control de Enfermedades de los Estados Unidos dio una rueda de prensa para informar de la aparición de cinco casos de un tipo de neumonía poco frecuente. Los análisis posteriores detectaron que estos pacientes presentaban una caída en los niveles de determinados linfocitos. Como estos linfocitos eran los responsables de organizar el sistema inmunitario, el resultado era que la inmunidad dejaba de funcionar, y muchas infecciones que normalmente eliminaríamos sin problemas podían resistir y finalmente causar la muerte. Por eso se habló de síndrome de inmunodeficiencia adquirida.

Relativamente pronto, en 1984, se identificó el VIH (virus de inmunodeficiencia humana), responsable del sida, un pequeño virus de la familia de los retrovirus. Entonces se empezó a hablar de obtener una vacuna en pocos años para hacer frente a la epidemia que se iba extendiendo de manera imparable por todo el mundo.

Pero han pasado casi treinta años y seguimos sin vacuna. Obviamente fuimos demasiado optimistas en aquel momento.

El problema es muy parecido al que ha impedido lograr una vacuna para enfermedades como la malaria o la hepatitis C. Las vacunas entrenan a determinadas células para reconocer una parte de la superficie del virus, de manera que, cuando lo vuelvan a encontrar, reaccionen rápidamente y lo eliminen sin darle tiempo a proliferar. La cuestión es seleccionar una proteína vírica que induzca una buena respuesta, que sea fácil de reconocer por nuestras células y que no se parezca a ninguna de nuestras proteínas, no fuera que nos acabáramos atacando a nosotros mismos.

Pero el virus del sida es un incompetente a la hora de hacer copias de sí mismo. Las hace mal, alteradas, cambiadas y, mira por dónde, esto le viene muy bien. Lo que ocurre es que cualquier vacuna que se haga sirve para un tipo de proteína vírica, pero en seguida aparecen otros virus en los que la proteína se ha copiado mal… ¡y la vacuna ya no las reconoce!

Con la gripe también sucede algo parecido, pero el número de variaciones es limitado. Por eso, al principio de la temporada se puede analizar qué virus provoca la epidemia anual de gripe y, rápidamente, hacer vacunas contra esa forma concreta. En el caso del sida (y de la malaria, entre otras) la variabilidad es enorme, y no se ha encontrado la manera de hacer una vacuna que sirva para todas las formas.

Y, claro está, también debemos recordar datos como que la vacuna de la difteria tardó 89 años, y para la de la polio hicieron falta 47. Los éxitos hacen que las cosas parezcan fáciles, pero no es sencillo obtener una vacuna.

73 / 100

EMBARAZO Y RECHAZO

Desde que la cirugía dispuso de las técnicas y la metodología para efectuar trasplantes de órganos, nos hemos familiarizado con el gran problema de esta técnica médica: el rechazo.

El rechazo es una consecuencia inesperada de nuestro sistema inmunitario, un sistema de células destinadas a identificar y destruir los agentes patógenos, bacterias, virus y parásitos que intenten colonizar nuestro cuerpo. Sin duda, no sobreviviríamos demasiado tiempo en un ambiente lleno de microorganismos de no ser por el sistema inmunitario.

Para identificar los agentes patógenos el sistema inmunitario ha evolucionado de una manera que hace que diseñe una reacción defensiva contra prácticamente todo lo que no sea nuestro cuerpo. Un mecanismo elegante, eficaz e imprescindible, pero que se pone en marcha cuando se realiza un trasplante de órganos, ya que el nuevo tejido se reconoce como "ajeno", y por tanto debe ser destruido. Por eso, hasta que no aparecieron los fármacos inmunosupresores, los trasplantes no tuvieron el éxito que tienen ahora.

De todos modos, cuando se comprendió el mecanismo del rechazo, se planteó un interrogante. Y es que se da una situación en la que un cuerpo extraño puede estar dentro del cuerpo, en contacto con la sangre y sin desencadenar la respuesta inmunitaria. Esta situación es el embarazo.

A medida que el embrión, y después el feto, se va desarrollando, se alimenta con sangre proveniente de la madre. Pero la criatura tiene muchas proteínas ajenas al cuerpo de la madre. La mitad de la información con que se fabrican proviene del padre, por tanto, ¡la sangre de la madre debería identificarlas como ajenas y actuar en consecuencia!

Evidentemente, cualquier organismo que induzca una respuesta inmune contra sus crías será eliminado rápidamente por la selección, pero el caso es que todavía no está nada claro cómo el feto puede esquivar la respuesta inmune materna.

Parece que la placenta tiene mucho que ver. Además de hacer de filtro entre la sangre materna y la fetal, la placenta fabrica compuestos que pueden actuar de moduladores de los linfocitos maternos. De todos modos, la placenta por sí sola no lo explica todo. Ya desde el principio, el embrión, el óvulo recién fecundado, tiene que espabilarse para pasar desapercibido en "territorio hostil" desde el punto de vista inmunitario. Mucho antes de que se forme la placenta, el embrión crecerá rodeado de linfocitos maternos potencialmente letales para él. Cuando comprendamos cómo lo hace para esquivarlos seguro que podremos diseñar nuevas estrategias para tratar muchas enfermedades y facilitar mucho la vida de los pacientes trasplantados.

74 / 100

EL PLACEBO

El efecto placebo es un fenómeno de lo más curioso que se da cuando hacemos un tratamiento médico. El mero hecho de tomar la medicina ya hace que mejore nuestra salud, aunque el fármaco no sirva para nada. La explicación clásica dice que lo que pasa es que pensar que estamos haciendo una cosa positiva para la salud ya hace que el organismo responda movilizando más mecanismos que ayudan a curar. Aquello de "una actitud positiva ayuda a vencer la enfermedad".

El caso es que, si hacemos un estudio con dos grupos de enfermos, y a unos no les damos nada y a otros les damos una pastilla y les decimos que es una medicina, aunque en realidad no lo sea, comprobaremos que este segundo grupo mejora más rápidamente que el primero. ¡Y eso que ninguno de los dos habrá tomado ningún medicamento!

Todavía debemos tener en cuenta más detalles. Si la medicina tiene mal sabor o colores extraños el efecto placebo es más intenso. Esto debe de estar relacionado con las expectativas que nos creamos. Nadie espera curarse tomando caramelos, pero un extracto amargo, vomitivo y de color o textura asquerosa tiene que curar. No es importante lo que pensemos, sino lo que creamos. La industria farmacéutica lo sabe y prepara fármacos intentando aprovechar también este efecto para mejorar la eficacia.

Este fenómeno es una lata a la hora de averiguar si un nuevo fármaco funciona o no. La mejora inducida por el efecto placebo nos puede hacer creer que sí, cuando en realidad es que no. Muchos creen que las mejorías causadas por medicinas alternativas (homeopatía, flores de Bach, imposiciones de manos...), en realidad, constituyen casos bien establecidos de efecto placebo.

Pero que el efecto placebo esté bien establecido, que lo podamos cuantificar y utilizarlo para mejorar los tratamientos, no quiere decir que comprendamos cómo funciona exactamente. Aquello de la actitud optimista para luchar contra la enfermedad es cierto, pero ignoramos por qué. Posiblemente el sistema nervioso pone en marcha algún mecanismo de respuesta celular, activa el sistema inmunitario de alguna manera, mejora el metabolismo general... Todo esto es posible, pero de momento son todavía especulaciones. Y el hecho es que no sabemos cómo lo hace.

El caso es que iría muy bien comprender los mecanismos fisiológicos que se encuentran detrás. Así los podríamos aprovechar directamente, sin necesidad de ir engañando a nuestro propio sistema nervioso.

Por suerte, si algo es fácil en este mundo, ¡es engañarnos a nosotros mismos!

75 / 100

ADICCIONES

Todos los que quieren dejar el tabaco saben hasta qué punto puede ser difícil librarse de una adicción. No hace falta decir, pues, hasta qué punto es duro en el caso de drogas más "duras", para las cuales las adicciones son mucho más intensas. El caso del tabaco, sin embargo, resulta muy interesante porque nos encontramos con personas que se enganchan en seguida al hábito de fumar, mientras que otras nunca encuentran placer en ello a pesar de haberlo probado en más de una ocasión.

Puede ser una cuestión de gustos, pero la realidad es más compleja. Ahora sabemos que existen zonas del cerebro que modifican su actividad en respuesta a determinadas sustancias. Y los cambios puede llegar a ser realmente profundos, modificar el metabolismo y alterar el tipo de conexión nerviosa que establecen las neuronas. Algunas vías de señalización se potencian mientras que otras quedan inhibidas.

Y como esto ocurre dentro del cerebro, el comportamiento de la persona es uno de los factores que más se alteran. Las zonas encargadas del placer pueden empezar a presentar déficits de funcionamiento que únicamente se recuperan en presencia de la sustancia que causa la adicción. Por eso se debe mantener una aportación rutinaria que mantenga los niveles de actividad cerebral en unos límites tolerables. Pero también está alterada la región del cerebro que participa en la toma de decisiones, de manera que salir del círculo resulta extraordinariamente improbable.

Por suerte, el cerebro no es como una máquina. Decir "la zona del cerebro que se encarga de..." no quiere decir que sea la única zona. En cualquier actividad cerebral participan muchas regiones que colaboran estrechamente. Pero algunas tienen un mayor peso que otras. Y las drogas pueden afectar precisamente estas dianas.

Pero algunas personas no notan estos cambios. Al menos con drogas socialmente más aceptadas, como el alcohol o el tabaco. Los que tienen la suerte de ser más resistentes caen con dificultad en el alcoholismo o el tabaquismo. Cada órgano tiene sus características y cada persona es un mundo. Pero la bioquímica del cerebro sugiere que no se trata únicamente de tener más o menos voluntad para salir de una adicción. Para algunas personas, con determinada base genética, puede resultar una misión imposible, mientras que otras, más afortunadas, tienen mayores posibilidades.

Ahora ya se empiezan a identificar las zonas y los cambios que tienen lugar en el cerebro de personas con adicciones a distintas sustancias. También se empieza a intuir cuáles son las sustancias implicadas. De manera que quizás falta menos para comprender cuál es el mecanismo exacto que vuelve locas a las neuronas de las personas adictas.

Y esto será un gran paso para conseguir terapias que ayuden a luchar contra las adicciones.

76 / 100

GENÉTICA Y SALUD

Actualmente ya disponemos de la secuencia completa de nuestro genoma. Podemos tomar una muestra de sangre y, con relativa facilidad, podemos analizar la información guardada dentro de nuestro ADN. Además, vamos identificando distintas versiones de determinados genes que, cuando aparecen, causan enfermedades. Por ejemplo, si se da una mutación en el gen llamado CFTR, la consecuencia será el desarrollo de la fibrosis quística. Si la mutación se encuentra en el factor VII de la coagulación, lo que sufriremos será hemofilia, y así se han ido relacionando enfermedades con alteraciones genéticas.

Pero no es demasiado frecuente una relación completamente directa como en estos casos. Resulta más habitual una predisposición. Variedades genéticas que, en presencia de determinados alimentos o ante determinados contaminantes, causan problemas. La clave está en que si no se dan estos factores, simplemente no aparecerá ninguna enfermedad. Por ejemplo, un alteración en el gen de la proteína fenilalanina hidroxilasa hace que no se pueda degradar un aminoácido, la fenilalanina. En estas condiciones, el aminoácido se va acumulando dentro del cuerpo hasta que causa toxicidad en el sistema nervioso. En muchos niños fue causa de retraso mental y muerte prematura, hasta que se descubrió la causa. Ahora se realiza la prueba cuando nacen y, si se detecta el gen mutante, se debe realizar una dieta libre de fenilalanina. Con esto se evita que se acumule y las criaturas crecen con normalidad.

Pero en otros genes la causa no está tan clara. Poco a poco se van encontrando variaciones genéticas que predisponen al cáncer, las infecciones o el Alzheimer. Pero esto lo sabemos sencillamente porque existen más personas enfermas que tienen esa variedad genética, no porque comprendamos la causa. Con frecuencia se sospecha que algún factor ambiental funciona como desencadenante, como en el caso de la fenilalanina, pero ignoramos de qué factor se trata.

En otros casos no es único gen, sino que entran en juego una combinación particular de genes. Esto es frecuente en el cáncer. Existen mutaciones que causan cáncer, pero raramente basta con una sola. Es necesario que aparezcan unas cuantas para que las células se descontrolen. Por eso cada dos por tres aparece la noticia de que se ha descubierto un nuevo gen relacionado con el cáncer. Él solo no será el causante de la enfermedad, pero junto con otros puede iniciar el drama.

Todo este conocimiento nos cambiará mucho la vida. Si con un simple análisis podemos conocer cuáles son los factores a los que somos sensibles y que nos pueden hacer enfermar, nuestras vidas pueden mejorar mucho.

También, sin embargo, nos hará vulnerables si esta información la tienen otras personas. ¿Contratarían en igualdad de condiciones a dos personas, si una de ellas tiene mayores probabilidades de enfermar? El debate social será inevitable y muy necesario.

77 / 100

NUEVOS ANTIBIÓTICOS

Ahora no nos podemos hacer una idea de cómo eran las cosas antes del descubrimiento del doctor Fleming, pero el caso es que sin antibióticos muchas de las personas que tenemos alrededor, y quizás nosotros mismos, hace años que habríamos muerto. Así de simple. Enfermedades que ahora resultan poco más que una molestia eran amenazas mortales no hace tanto tiempo. No conocemos a nadie que muera de tuberculosis o de sífilis, pero hace un siglo estas palabras eran amenazas tan letales como el cáncer hoy en día. La aparición de los antibióticos lo cambió todo. Nos dio armas extremadamente efectivas contra las bacterias causantes de estas infecciones, y rápidamente nos acostumbramos a ellos.

Pero ahora están empezando a aparecer bacterias resistentes a los antibióticos. Y las viejas enfermedades están volviendo a imponer su ley. Aunque se trata de hechos ocasionales, la tendencia es que cada vez sucede con mayor frecuencia.

En realidad es como si poco a poco volviéramos a la medicina del siglo XIX por lo que hace a enfermedades infecciosas, porque si una infección bacteriana no se puede tratar con antibióticos, ¿qué queda? ¿Sulfamidas? ¿Arsénico? ¿Sanatorios en la montaña?

Y las bacterias se van adaptando a los antibióticos. En realidad lo que ocurre es que, de vez en cuando, aparece alguna bacteria mutante a la que los antibióticos no le hacen nada. Como el antibiótico mata al resto, el mutante puede crecer y ocupar todo el espacio (es decir, el cuerpo del enfermo) sin problemas.

Hasta ahora la solución para esto era utilizar un antibiótico distinto. Pero las bacterias son muy puñeteras, y actualmente nos encontramos con cepas infecciosas resistentes hasta… ¡nueve clases distintas de antibióticos! E incluyen los de última generación.

Y cada vez es más difícil diseñar nuevos antibióticos. De hecho, hace muchos años que no se diseña ninguno nuevo. Esto no se percibe habitualmente porque se siguen comercializando con diferentes marcas comerciales. Pero una cosa son las marcas y otra distinta son los compuestos que encontramos detrás. De hecho, la mayoría de marcas más habituales tienen los mismos componentes.

Lo que tendríamos que hacer es sencillo. Si utilizáramos los antibióticos únicamente cuando es necesario, reduciríamos mucho la aparición de cepas resistentes. Así nos aseguraríamos de que estas medicinas sigan siendo útiles en un futuro. Pero los humanos somos como somos, y la teoría está muy bien, pero los antibióticos los seguimos tomando por si acaso, porque tengo mucho trabajo y me tengo que curar en seguida o por lo que sea.

Por tanto, nos tenemos que apresurar a encontrar nuevas clases de antibióticos. Y pronto, porque el enemigo está dejando obsoleto nuestro armamento terapéutico más deprisa de lo que nos pensamos.

78 / 100

ANESTESIA

"Señores, esto no es ningún engaño." Dicen que estas fueron las palabras que pronunció, el 16 de octubre de 1848, el cirujano que realizó la primera intervención a un paciente anestesiado con éxito. Le acababa de extirpar un tumor en el cuello. Esto requería hacer un corte desde debajo de la oreja hasta la garganta, pero la mujer a quien practicó la incisión estaba bajo los efectos del éter y, por primera vez, no gritó ni se resistió a causa del dolor.

A partir de aquel momento, la cirugía, la medicina, entró en una nueva era.

Ahora ya disponemos de anestésicos mucho mejores. Fármacos que permiten hacer intervenciones quirúrgicas que duran horas, manteniendo al paciente en un estado realmente intrigante. La anestesia busca suprimir principalmente el dolor, claro, pero también debemos inhibir los reflejos. Aunque no seamos conscientes, la musculatura puede responder con movimientos que, en una intervención delicada, pueden resultar catastróficos. Por eso debemos dejar el sistema nervioso autónomo bien tranquilo. Además, es necesario que el paciente pierda la consciencia. Aunque no duela, sería muy duro, y muy angustiante, ir mirando cómo nos hacen la operación. Por eso es necesario que el paciente esté en un estado de "no-consciencia". Parecido a estar dormido, pero no lo mismo. Y finalmente, para poder operar en condiciones, tenemos que añadir un buen nivel de relajación muscular. De esta manera, el cirujano puede trabajar con mucha mayor facilidad.

¡Ah! Y no hay que olvidar que después se debe recuperar la normalidad. Por eso la especialidad que se encarga de esto es la de anestesia-reanimación.

Los anestésicos primitivos, como el éter o el cloroformo, ya hace muchos años que se han dejado de utilizar. Ahora se dispone de otros medicamentos más selectivos y con menos efectos secundarios que ayudan a inducir este estado de desconexión, parecido al coma.

Lo curioso es que ya sabemos que funcionan, tenemos una idea bastante precisa de cómo actúan con las neuronas: interfieren en el funcionamiento normal de las membranas celulares, bloquean el transporte de algunos iones y evitan que las neuronas se envíen señales las unas a las otras. Pero esto hay que hacerlo sobre determinadas neuronas y a determinados niveles.

La realidad es que, aunque no dudamos de que funcionan, todavía existen dudas razonables sobre el mecanismo que hace que los anestésicos funcionen.

No es un tema irrelevante, porque si el mecanismo estuviera lo suficientemente claro nos facilitaría mucho la investigación en nuevos anestésicos con propiedades más específicas.

De todos modos, cuando están punto de operarnos y nos anestesian, basta con pensar cómo era la cirugía hacer un par de siglos para estar más que satisfechos con lo que sabemos por ahora.

MIRANDO AL PASADO

79 / 100

EXPLOSIÓN CÁMBRICA

La vida apareció hace muchos millones de años en la Tierra. Pero aunque en seguida pensamos en dinosaurios o trilobites moviéndose entre bosques de helechos, la realidad es que la mayor parte del tiempo no habríamos visto nada más que un manto de bacterias. Una capa gelatinosa con un color que la diferenciaba del resto del terreno que la rodeaba. O quizás una cierta turbidez del agua que no era causada por barro o arena, sino por millones de organismos unicelulares. Parece que hace dos mil millones de años ya existían organismos unicelulares creciendo y reproduciéndose. Y las cosas siguieron así de aburridas durante mil quinientos millones de años.

Pero hace unos seiscientos millones de años sucedió algo excepcional. En "relativamente" poco tiempo, el planeta empezó a tener nuevos habitantes. Y ya no eran unicelulares. Organismos mucho más complejos y de tamaño mucho mayor dejaron sus huellas en forma de extraños fósiles. No tenían nada que ver con los animales que conocemos ahora y, de hecho, se había desarrollado un número relativamente pequeño de especies. Pero lo más fascinante no eran las especies, sino lo que los biólogos llaman *filos*.

Un filo es el patrón básico que estructura un organismo. Es lo que permite distinguir entre aquellos que tienen el cuerpo hecho de dos mitades simétricas, como todos los vertebrados, nosotros inclusive, y los que tienen el cuerpo estructurado en forma radial, como los erizos de mar, o lo que tienen el cuerpo hecho de fragmentos repetitivos, como los artrópodos.

Pues parece como si, durante la época del Cámbrico, la naturaleza hubiera ensayado todas las maneras imaginables de organizar la vida. Fue entonces cuando aparecieron los primeros representantes de todos los filos que encontramos ahora. Y de unos cuantos más que no tuvieron éxito y desaparecieron. Por eso se habla de la "explosión cámbrica".

En realidad también se ha encontrado evidencia de una explosión similar que tuvo lugar unos treinta millones de años antes, la "explosión de Avalon". Pero, en cualquier caso, lo que necesitamos comprender es cuál fue el factor que permitió el paso hacia nuevos sistemas para organizar la vida. Tal vez mutó algún gen que en su nueva forma facilitaba las interacciones entre distintas células. O tal vez aparecieron nuevas moléculas que permitían la comunicación, de manera que las células ya podían trabajar de manera coordinada.

En cualquier caso, aquello representó el disparo de salida para la vida tal y como la conocemos ahora. Nosotros somos descendientes de aquellos pequeños seres que finalmente empezaron a organizarse para descubrir nuevas formas de hacer trabajo celular en equipo.

80 / 100

EL TAMAÑO DE LOS DINOSAURIOS

Hablar de dinosaurios hace que pensemos inmediatamente en un terrible tiranosaurio, un gigantesco braquiosaurio o un monstruoso estegosaurio. Pero esta es una visión muy sesgada de estos fantásticos animales. Y es que hablar de dinosaurios es como hablar de mamíferos. Ciertamente los había gigantescos, pero también los había muy pequeños. Igual que los mamíferos engloban desde el elefante hasta la musaraña, los dinosaurios incluían desde el diplodoco, grande como dos elefantes, hasta el musaurio, del tamaño de un ratón.

Y muchos tenían dimensiones bien normales, como una oveja o una persona. De manera que no todos eran gigantescos. Pero, ciertamente, entre los dinosaurios, las especies enormes abundaban más de lo que estamos acostumbrados a ver en el mundo actual. Y resulta inevitable preguntarse por qué motivo evolucionaron tantos grupos hasta hacerse tan grandes.

En realidad no tenemos respuesta. Actualmente nos encontramos con animales de gran tamaño, pero no son tan frecuentes como en la época de los dinosaurios. Es verdad que el animal más grande que ha existido nunca ha sido un mamífero, la ballena azul, pero en el mar es más fácil alcanzar grandes tamaños. No tienen que luchar contra la gravedad como los animales terrestres. En tierra firme, las dimensiones de los mamíferos son claramente más modestas que en la época de los grandes saurios.

Quizás solo es casualidad. Existen épocas con animales grandes y otras épocas con animales más pequeños. O quizás fue el resultado de carreras evolutivas entre depredadores y presas lo que los fue conduciendo a crecer cada vez más. Quién sabe si con el tiempo, si los humanos no los extinguimos antes, lo leones empezarán a ser cada vez más grandes, para poder cazar elefantes, al tiempo que estos tendrán tendencia a ser más grandes para evitar ser cazados por los leones, que, a su vez, se verán obligados a ser más grandes...

O quizás la constitución genética de los dinosaurios les permitiría crecer más. Nuestros cuerpos están condicionados por una serie de parámetros físicos, más allá de los cuales no pueden ser eficaces. La forma de los huesos, la estructura de las proteínas de los músculos, el grosor de las paredes de los vasos sanguíneos, todos estos son factores que condicionan de una manera u otra el tamaño que podemos alcanzar. Quizás los dinosaurios tenían otros condicionantes que les permitían crecer más y algunos los aprovecharon.

Por último, también es posible que fuera un sistema para controlar la temperatura. Los animales de "sangre fría" pero de grandes dimensiones tienen una temperatura corporal mucho más estable que los de pequeñas dimensiones. Tal vez el gigantismo fue un sistema para mantener con mayor eficacia la temperatura del cuerpo.

En cualquier caso, las dimensiones de los dinosaurios fueron una gran suerte sobre todo para los museos de ciencias naturales. ¡Tendrían mucha menos gracia sin un gran esqueleto de tiranosaurio en medio de la sala principal!

81 / 100

EL ASPECTO DE LOS DINOSAURIOS

A los dinosaurios los hemos visto representados de mil maneras distintas. En dibujos, películas, animaciones por ordenador y esculturas animatrónicas de tamaño real. Pero si hacemos memoria nos daremos cuenta de que el mismo animal lo hemos visto con la piel de color gris, y también de color carne, o con manchas verdes, incluso con rayas negras.

El problema es sencillo. Hemos recuperado los huesos de los dinosaurios, a veces huevos, y en algunos casos los excrementos. Con esto se ha obtenido una cantidad de información increíble, pero no tenemos restos de piel ni de otros órganos "blandos" que casi nunca fosilizan. Por tanto, las características de la piel se basan en suposiciones y en la imaginación del artista.

Pero podemos extraer algunas conclusiones a partir de las marcas que dejaban a su paso y que, a veces, sí que quedaron inmortalizados en la piedra. Por eso sabemos que algunos tenían escamas que sobresalían de sus cuerpos casi acorazados.

Las huellas y la comparación con otros animales que conocemos nos pueden indicar cómo era la piel. Y, de hecho, alguna vez se ha encontrado algún fragmento de piel de dinosaurio, cosa que representa un extraordinario golpe de suerte. La piel de aquella especie en particular era parecida a la de los reptiles, con escamas, aunque dispuestas en forma de pavimento. Unas al lado de las otras, sin sobreponerse. Pero lo que hoy por hoy es imposible saber es su color.

Los pigmentos sí que se perdieron hacen millones de años. De manera que, cada vez que vemos el dibujo de un dinosaurio, podemos pensar que los trazos generales son correctos, pero que el color de la piel es pura deducción. Algunos debían de tener colores de camuflaje, otros colores llamativos para hacerse ver o para impresionar a las hembras. Aunque aquello que podemos observar actualmente en los mamíferos o los reptiles debía de suceder también en los dinosaurios.

Porque viendo únicamente el esqueleto, ¿cómo se podría saber que la cebras tienen rayas, las jirafas manchas o que las panteras a veces pueden ser negras?

Y para que no falten dudas, cada vez tenemos más datos que indican que un gran número de dinosaurios tenían plumas. Más allá del mítico arqueoptérix, se han encontrado marcas de plumas alrededor del esqueleto fosilizado de muchos dinosaurios. Entre ellos, los famosos velociraptores, que quizás se parecían más a un ave que a un reptil. Pero de nuevo, ¿de qué color eran sus plumas?

Y es que no debemos olvidar que todavía quedan dinosaurios vivos. Lo que pasa es que los llamamos *aves*.

82 / 100

¿QUÉ CAUSA LAS EXTINCIONES MASIVAS?

Un dato impresionante es que el 99% de las especies que han vivido en nuestro planeta ya se han extinguido. Esto quiere decir que el destino normal de cualquier especie animal o vegetal es la desaparición. Pero esto no ocurre de manera paulatina. Cuando se observa la diversidad de especies que pueblan la Tierra y cómo va variando a lo largo del tiempo, nos damos cuenta de que el número de especies va aumentando hasta que, de pronto, la gran mayoría desaparecen. Entonces hablamos de extinciones en masa.

La más famosa es la que tuvo lugar hace sesenta y cinco millones de años. Fue la que acabó con los dinosaurios, pero no únicamente con ellos. La mitad de las especies del planeta, incluyendo plantas, insectos, peces y todo lo que os pase por la cabeza, desapareció. En aquel caso la causa fue el impacto de un asteroide y las alteraciones climáticas que comportó. Pero ha habido otras grandes extinciones masivas. Cinco, en concreto.

El premio gordo se lo lleva la gran extinción del Pérmico-Triásico, hace doscientos cincuenta millones de años. Aquello fue mucho peor que el caso de los dinosaurios. Aquel acontecimiento extinguió el 95% de los seres vivos del planeta, incluyendo animales terrestres, marítimos e incluso las plantas. Nunca ha habido una catástrofe similar. Pero también tenemos la extinción de finales del Triásico, que se llevó el 20% de las especies marítimas hace doscientos millones de años. O la de finales del Cámbrico, la primera gran extinción, hace unos cuatrocientos cincuenta millones de años.

En realidad no son las únicas extinciones en masa, lo que pasa es que destacan mucho sobre el resto de acontecimientos. La pregunta es si podemos encontrar algún motivo en común en todos estos casos. Podría ser, porque se observa una cierta periodicidad que hace que cada treinta millones de años el número de especies disminuya a un ritmo claramente más rápido de lo normal. Quizás las seis grandes extinciones sean, simplemente, los casos extremos de este ritmo de vida y muerte.

Pero, ¿qué puede causar este efecto? Si se trata de meteoritos que caen, ¿por qué motivo tienen que hacerlo cada treinta millones de años? Y si es otro mecanismo, ¿cuál es?

La idea de los meteoritos tiene la ventaja de que puede explicar el resto de fenómenos. Cambios en la actividad volcánica, en la atmósfera o en la temperatura del mar pueden desencadenarse por el impacto de un asteroide. Pero lo cierto es que todavía no lo sabemos.

Hay quien cree que el Sol tiene una compañera. Una estrella que gira a su alrededor en una órbita que hace que, cada treinta millones de años, la gravedad empuje a asteroides y cometas hacia el interior del sistema solar. Así podría causar un bombardeo cósmico notable. La mala noticia es que no se ha encontrado esta estrella. También puede ser que la galaxia tenga zonas más o menos activas, y el sistema solar, en su movimiento alrededor de la Vía Láctea, las vaya cruzando.

En cualquier caso, todo parece indicar que hay una nueva extinción en masa que rompe el ritmo. Precisamente la actual. La que estamos causando los humanos.

83 / 100

LAS FLORES

Durante muchos millones de años la Tierra estuvo cubierta de plantas. Inmensos bosques de coníferas cubrían la tierra emergida, que tenía un perfil muy distinto a los continentes que conocemos actualmente. Un manto verde y frondoso, que no debía ser muy distinto de los bosques que encontramos hoy en día en el norte de Europa. Quizás si miráramos de cerca los árboles no los reconoceríamos, pero sabríamos que aquello era un bosque y que estaba hecho de árboles.

Pero no había flores.

Las plantas con flores, que los botánicos llaman *angiospermas*, aparecieron en la Tierra hace unos ciento treinta millones de años. Podemos considerar que fue una aparición tardía, ya que cuando apareció la primera flor, las plantas sin flores hacía trescientos millones de años que merodeaban en nuestro planeta. Pero en solo diez millones de años se hicieron dominantes. Las plantas sin flores quedaron arrinconadas en lugares más difíciles para sobrevivir, con climas más fríos y en franca minoría. Actualmente las angiospermas representan el 90% de todas las plantas.

Lo que no está nada claro es cómo aparecieron. En una carta que escribió a un amigo, Charles Darwin habla de la evolución de las flores como de un "abominable misterio". Y es que, cuando analizamos el registro fósil, nos encontramos con uno de los típicos casos de aparición súbita de un nuevo organismo. Aquí debemos tener presente a qué nos referimos con la palabra *súbita* cuando se habla de evolución. Sencillamente quiere decir que aparecieron en menos de un millón de años.

La pregunta es cómo lo hicieron y bajo qué presión selectiva. Y en esto no existe acuerdo entre los biólogos. Es posible que la aparición de nuevas especies de dinosaurios tuviera algo que ver. En aquella época emergieron nuevos grupos de dinosaurios mejor adaptados a dietas vegetales, que debían de representar un problema para los árboles jóvenes. Esto debía de crear nuevos espacios que podían ser colonizados por plantas con una reproducción más eficiente. Pero también debemos tener en cuenta que para la polinización se necesitan insectos, de manera que podría ser que cambios en la estructura o el comportamiento de insectos favorecieran la aparición de las complicadas estructuras reproductivas que son las flores. Los restos de polen fósil indican que, ya en las flores más primitivas, los insectos tenían que transportarlo. Todo esto podría haber pasado, pero, para afirmarlo, primero tenemos que estar seguros y, hoy por hoy, no lo estamos.

En cualquier caso, la próxima vez que regaléis o que os regalen una flor pensad en que tenéis entre manos un bellísimo misterio evolutivo.

84 / 100

NEANDERTALES

Cuando hablamos de hombres primitivos, lo que nos viene a la mente acostumbra a ser un neandertal (*Homo neanderthalensis*). Incluso cuando nos hablan del hombre de Cromañón raramente recordamos que era igual que nosotros. En cambio los neandertales tenían el cuerpo más robusto, la frente tirada hacia atrás, los ojos hundidos bajo un notable pliegue supraorbital, la nariz ancha...

Sabemos que los humanos modernos no somos descendientes de los neandertales y, de hecho, nuestros antepasados convivieron con ellos durante mucho tiempo. No fueron nuestros abuelos, pero los podemos considerar primos cercanos. Incluso se ha descubierto que tenemos genes comunes con ellos, cosa que indica un cierto grado de hibridación.

Pero el hecho innegable es que hace veintiocho mil años los neandertales desaparecieron. Se extinguieron después de una existencia de más de cien mil años. Y el caso es que todavía no está claro qué acabó con ellos.

Durante mucho tiempo se creyó que fue una glaciación lo que les dio el golpe final. Pero parece improbable en unos seres tan bien adaptados a climas fríos. De hecho, ellos tendrían más oportunidades de sobrevivir a una glaciación que nosotros. Naturalmente se menciona que nuestros antepasados fueron más espabilados, más inteligentes y que dispusieron de tecnologías que superaban las de los primitivos neandertales. Quizás sí estos fueran factores determinantes. Al fin y al cabo, ellos sí resistieron, y sería una tontería quitarles mérito. Pero parece que una glaciación no es motivo suficiente como para causar la desaparición de los neandertales.

La competencia con los *sapiens* también podría ser la causa. Del estudio de los restos se observa que los *sapiens* (nosotros) tenían más movilidad, ocupaban más territorio y, cuando surgían problemas, se desplazaban más rápidamente a lugares mejores. Quizás a los neandertales les faltó agilidad social, y al final la mayor parte de recursos fueron acaparados por los *sapiens*.

El caso es que los neandertales sí eran auténticamente europeos, mientras que los *sapiens* tenemos origen africano. Es en Europa donde se han encontrado la mayor parte de restos, donde se encuentran los últimos yacimientos neandertales. Parece que al final, y durante unos cuantos siglos, todavía quedan grupos aislados de neandertales desparramados por el sur de Europa.

Pero su desaparición fue inexorable. Fuera cual fuera el motivo que acabó con ellos, finalmente nos dejó vía libre para ocupar todo el planeta.

85 / 100

CAMINAR ERGUIDOS

Una característica de lo más humana es el hecho de andar con las piernas. Parece una obviedad, pero este sistema de locomoción no es tan frecuente. De hecho, entre los mamíferos lo normal es ir a cuatro patas. Las aves también se desplazan con dos patas cuando caminan, pero su cuerpo está inclinado en equilibrio a un lado y otro de las patas. Los humanos somos únicos, porque caminamos erguidos. Otros mamíferos que van derechos sobre dos patas no caminan, sino que saltan, como los canguros. Un sistema muy eficiente para correr, pero poco útil para desplazarse poco a poco.

Esto es la causa de buena parte de los dolores de espalda que sufrimos, ya que obliga a la columna vertebral a trabajar constantemente. Pero tiene la gran virtud de dejar libres las manos para hacer todo tipo de cosas que la cultura nos sugiera. También amplía mucho el campo de visión. Ahora ya es igual, pero cuando éramos homínidos primitivos que paseábamos por las praderas africanas, el hecho de ver a los depredadores de lejos podía representar la diferencia entre vivir y morir.

La cuestión es: ¿cómo se dio este cambio? ¿Por qué nuestros primos, los simios, no andan como nosotros? Ello se mueven sobre las cuatro extremidades. Un sistema más práctico cuando se trata de correr, pero si hacemos caminar a un chimpancé con solo dos piernas, su gasto energético será muy superior al nuestro. Esto quiere decir que, para poder caminar como lo hacemos, ha sido necesario modificar la forma de los pies, la estructura de la cadera, la musculatura de las piernas y de la espalda y la posición de la cabeza sobre la columna.

Sabemos que hace más de tres millones de años existían homínidos que caminaban erguidos. Se han encontrado rastros de pisadas que lo confirman. También tenemos algunos (pocos) fósiles que muestran un esqueleto con capacidad de caminar erguido, pero quizás no exactamente como nosotros. Esto tampoco es extraño. No hubo un mono que un buen día se levantó y ya está, sino que fueron necesarias una serie de mutaciones que facilitaron el hecho de andar así. Quizás este intento se hizo en varias ocasiones a lo largo de la historia evolutiva de los primates. En realidad ni siquiera estamos seguros de cuándo ocurrió esto, porque, si bien los australopitecos ya podían caminar erguidos, quizás este era un avance que venía de lejos.

En cualquier caso, todavía desconocemos la secuencia de hechos gracias a la cual ahora podemos pasear con la pareja cogiditos de la mano, o utilizando el teléfono móvil, ya que disponemos de dos extremidades libres.

86 / 100

EL LENGUAJE

Hablar es una de aquellas cosas que hacemos sin pensar, ¡y hay quien lo hace constantemente! Solo cuando vemos cómo evoluciona la capacidad de hablar en los niños nos damos cuenta del mecanismo tan complejo que lo hace posible. Y, al mismo tiempo, hasta qué punto nos resulta innato. Porque el ritmo de aprendizaje de los niños cuando llega la hora de empezar a hablar es fabuloso. Ojalá los adultos pudiéramos aprender nuevos idiomas con la facilidad con la que aprendimos la lengua materna.

Y, sin embargo, la adquisición del lenguaje es un misterio. No sabemos cuándo, cómo, ni por qué los humanos empezaron a hablar. El principal problema es que este es un tema sobre el cual los fósiles dejan pocas pistas. Podemos especular mucho y armar teorías razonables, convincentes y plausibles, pero difícilmente las podemos demostrar.

De lo que no tenemos dudas es que el lenguaje es una característica muy humana. No estamos seguros de hasta qué punto es sofisticado el sistema de comunicación en el caso de los delfines, pero sería una sorpresa que, a pesar de ser complejo, llegue a un grado de refinamiento como el de los humanos. En el caso de los chimpancés, pueden comunicarse con multitud de sonidos que contienen mucha más información de lo que parece. Además, pueden llegar a comprender un número importante de palabras, pero nada comparado con las que llega a adquirir un niño de pocos años.

El caso es que para la evolución del lenguaje era necesario que aparecieran las estructuras mentales necesarias para generarlo e interpretarlo, y también las estructuras anatómicas de la garganta para emitir los sonidos con la velocidad, la entonación y la flexibilidad adecuadas. Qué apareció primero y empujado por qué presión selectiva es todavía territorio de hipótesis.

Pero sí tenemos algunos datos. Analizando los cuerpos de los neandertales se ha comprobado que como mucho debían de tener un lenguaje limitado. Algunos sonidos, como los de la *a* y la *i*, no podían generarlos. La estructura del cráneo y del cuello no lo permitirían por motivos puramente físicos. Esto no quiere decir que no tuvieran lenguaje, pero al menos podemos hacernos una idea de cómo no debía ser.

Los fósiles también han permitido averiguar cómo eran los huesecillos del oído de hace trescientos mil años. Y gracias a esto sabemos que en aquel tiempo ya podían oír los sonidos como lo hacemos nosotros. Esto es importante, porque los sonidos que se escuchan suelen estar estrechamente relacionados con los que se pueden emitir, de manera que en aquel tiempo es muy probable que ya pudieran hablar. Pero, ¿cómo? ¿Qué decían? ¿Qué estructuras tenía aquel lenguaje primitivo?

Hoy por hoy parece claro que serán necesarias nuevas ideas para tratar de responder estas preguntas.

TECNOLOGÍAS Y ABSTRACCIONES

87 / 100

SUSTITUIR EL PETRÓLEO

La sociedad donde vivimos es insaciable por lo que respecta a la energía. Cada vez vivimos mejor, con mayores comodidades, con capacidad de movernos por todo el mundo y los alimentos provienen de cualquier lugar del planeta. Ya no dependemos de la temperatura exterior, disfrutamos de comunicación instantánea con todo aquel que pueda acceder a un terminal de Internet, podemos…

Per todo esto requiere energía, mucha energía. Especialmente el transporte, aunque el resto de actividades también consumen una gran cantidad de energía. Y hoy por hoy esta energía proviene principalmente de quemar petróleo. No es porque sí. El petróleo es una fuente energética abundante, fácil de obtener, fácil de almacenar y muy eficiente. Tampoco es casualidad que el gran desarrollo industrial y tecnológico coincidiera con la sustitución del carbón y la madera por el petróleo. El oro negro nos dio la clave para manipular la naturaleza y hacer un salto tecnológico.

Pero todo tiene un precio. El petróleo es abundante, pero no es ilimitado. Y al ritmo que lo consumimos, no puede durar mucho más. Con las mejoras en las técnicas de extracción el final del petróleo quizás no sea inmediato, pero antes o después se terminará. Y más importante todavía, quemar petróleo es la gran contribución humana al calentamiento global. De manera que debemos encontrar alternativas de manera inmediata.

La más utilizada hoy por hoy es la energía nuclear. Su rendimiento deja muy atrás el poder de los combustibles fósiles y, encima, no contribuye al calentamiento global. Unos detalles que las industrias nucleares no dejan de recordar. Pero no deja de ser una fuente de residuos radioactivos peligrosos. Y el riesgo de accidente resulta muchas veces inaceptable para muchas comunidades. A pesar de las promesas de seguridad, de vez en cuando se producen accidentes, y el riesgo del terrorismo nuclear tampoco se puede ignorar. De manera que la nuclear, hoy por hoy, es una opción cuanto menos complicada.

Las otras fuentes de energía llamadas renovables —la eólica, la solar, los biocombustibles— son una promesa de futuro, pero en la actualidad únicamente representan un porcentaje minúsculo de la producción energética mundial. Se requerirán mejorías importantes para que puedan ser consideradas alternativas reales al petróleo. Por buena voluntad que pongamos, de momento sirven básicamente para reducir la dependencia, que no es poca cosa, pero todavía no permiten pensar en dejar atrás el petróleo.

Las otras fuentes energéticas más prometedoras se encuentran en un estado todavía menos desarrollado. La energía de fusión tendrá las ventajas de la energía nuclear de fisión sin la mayoría de sus inconvenientes. Coches propulsados con hidrógeno, placas solares en el espacio, vegetales modificados para dar un alto rendimiento… Todas las opciones tendrán ventajas e inconvenientes, pero más vale que nos espabilemos, porque, con el desarrollo de gran parte de los países del Tercer Mundo, la necesidad de disponer de nuevas fuentes energéticas será cada vez más urgente.

88 / 100

LÍMITES PARA LA ENERGÍA SOLAR

Cuando hablamos de energía limpia, la primera en que pensamos es la energía solar. Al fin y al cabo, el Sol es una fuente extraordinaria de energía. Y si lo miramos con detalle, el astro rey es el origen de todas las fuentes de energía que conocemos, excepto la nuclear. Además cada día llega a la Tierra una cantidad increíble de energía proveniente del Sol. Por eso fue tan importante que a principios del siglo XIX se descubriera el efecto fotoeléctrico, un curioso fenómeno que se da cuando algunos materiales se exponen a la luz. Entonces los fotones pueden arrancar electrones de los átomos de estos materiales y crear una leve corriente eléctrica.

El efecto fotoeléctrico fue un fenómeno físico interesante, pero poco práctico, con el que Einstein ganó el premio Nobel. La primera célula fotovoltaica ya se fabricó en 1883, pero su rendimiento era del 1%. Esto hacía que no fuera útil desde un punto de vista comercial. Pero en 1954 los laboratorios Bell descubrieron de manera casi accidental que el silicio, si no era demasiado puro, resultaba muy sensible a la luz y muy útil para hacer mejores células fotovoltaicas.

Dado que el silicio es abundante, la viabilidad comercial fue posible y pronto aparecieron los primeros paneles para hacer electricidad con energía solar de manera seria. Por entonces el rendimiento era del 6%.

Las cosas han ido mejorando desde entonces. Han aparecido nuevas generaciones de dispositivos que han incrementado el rendimiento hasta el 45% en sistemas experimentales. Pero de momento la mayor parte de las placas que se encuentran en funcionamiento son todavía de primera generación, con rendimientos cercanos al 30%.

Falta, claro está, que las mejoras se consigan a precios razonables. Muchas de las placas de alto rendimiento que existen se aplican únicamente en situaciones experimentales o, como mucho, en la exploración espacial. Todavía son demasiado caras para instalarlas en el tejado de casa.

Y ya se especula con nuevos sistemas que mejoren la eficacia de estas placas. A medida que la nanotecnología nos vaya ofreciendo nuevas herramientas para manipular los átomos, podremos incrementar todavía más la capacidad de aprovechar la energía que nos ofrece el Sol.

Seguro que en los próximos años podremos empujar el límite de aprovechamiento todavía un poco más allá, de manera que la dependencia del petróleo se irá reduciendo. Con todo lo que nos jugamos, mejor que sea así.

Por supuesto, es ilusorio creer que únicamente con un sistema como el solar podremos resolver las necesidades energéticas del planeta, pero llegar a los límites de su rendimiento puede ser una buena ayuda.

89 / 100

LA FUSIÓN FRÍA

La fisión nuclear es una fuente de energía extraordinaria, pero genera una cantidad de residuos nucleares que complica muchísimo su aplicación. Por eso siempre se habla de la energía nuclear de fusión como la gran esperanza para obtener energía abundante y sin producir este tipo de residuos. El problema es que todavía no se ha conseguido controlar la fusión de manera estable. Se han hecho bombas de fusión (las bombas H), que afortunadamente no se han utilizado nunca en ningún conflicto, pero sus aplicaciones civiles todavía no son viables.

La idea de la fusión nuclear es tomar dos átomos de hidrógeno y hacer que se fusionen y que generen un átomo de helio, la masa del cual sería un poco menor que la suma de las dos masas originales. La diferencia sería la que generaría la energía esperada, gracias a la ecuación $e = mc^2$. El problema es hacer que los dos átomos se acerquen lo bastante como para fusionarse. Se puede hacer, pero únicamente a temperaturas de millones de grados. Por este motivo, para calentar una bomba nuclear de fusión se utilizó primero una bomba nuclear normal, de fisión.

Pero en 1989 dos físicos dieron una conferencia de prensa en la que afirmaron que habían logrado reacciones de fusión a temperatura ambiente, con un sistema de electrodos con el cual, con elementos simples, podía obtenerse más energía de la que aplicaban. Como ya no eran necesarios millones de grado de temperatura para hacerlo funcionar, se habló de *fusión fría*.

Aquello podía ser la solución a los problemas energéticos de la humanidad. Por desgracia, cuando diferentes grupos de todo el mundo se pusieron a reproducir el experimento, se dieron cuenta de que no podían hacerlo. Simplemente no funcionaba. Poco a poco el entusiasmo inicial fue desapareciendo y el escepticismo se impuso. Aunque no parece que los que hicieron el anuncio inicial mintieran deliberadamente, es posible que malinterpretaran lo que pasaba. Quizás hubo alguna reacción química que no controlaron correctamente, quizás los aparatos estaban mal calibrados, quizás...

Aquello hizo que la fusión fría se abandonara y pasara a ser uno de los paradigmas de la "mala ciencia".

Pero algunos investigadores señalan que los dos físicos que hicieron el anuncio tenían buena reputación hasta aquel momento. Los errores que les atribuyen resultaban impropios. Por eso todavía algunos científicos siguen buscando la fusión fría. Ocasionalmente aparecen anuncios que se ha encontrado algún resultado prometedor, pero que nunca se acaban de confirmar. La mayoría de científicos cree que es imposible, pero también se oyen voces que afirman que algo hay y que merece ser investigado. La comunidad científica está escarmentada con todo lo que ocurrió, pero si aparecieran pruebas sólidas que demostraran que es posible, quizás tendríamos una solución al problema de la energía.

90 / 100

AUTOACOPLAMIENTO QUÍMICO

Ya hace tiempo que sabemos que la materia está formada por átomos y que estos átomos se combinan para construir moléculas. En las condiciones adecuadas, los átomos o las moléculas tienen tendencia a acoplarse y formar estructuras más grandes. De hecho, si miramos a nuestro alrededor, nos daremos cuenta de que todo lo que vemos es el resultado del acoplamiento de moléculas una y otra vez, hasta dar lugar a los objetos del mundo que conocemos, incluidos nosotros mismos.

Esta capacidad que tienen de autoacoplarse resulta particularmente útil para la síntesis química de compuestos complejos, para la industria de la electrónica cuando intenta fabricar elementos cada vez más pequeños y para la incipiente nanotecnología.

Un ejemplo es el uso que se hace del autocoplamiento para fabricar o modificar superficies metálicas que tienen que destinarse a la microlectrónica. Controlando las condiciones se puede conseguir que se depositen capas de uno o pocos átomos de grosor sobre superficies que tiene que ser más o menos conductoras o que tienen que comportarse de determinada manera dentro de un microcircuito.

Pero la realidad es que todavía estamos muy lejos de controlar el autocoplamiento molecular. Es cierto que se utiliza en determinados casos, pero son estructuras sencillas, muy lejos de las fantásticas estructuras que se formen en la naturaleza. Si observamos el tipo de estructuras que se fabrican dentro de una célula, nos daremos cuenta de hasta qué punto son simples las construcciones que podemos hacer los humanos. Las células pueden depositar millones de átomos en el lugar oportuno y hacer que se plieguen de una manera determinada, haciendo que proteínas, polisacáridos o enormes cadenas de ácidos nucleicos ejerzan unas funciones precisas y con un grado de fiabilidad increíble.

El reto es conseguir cosas parecidas para poder fabricar estructuras, mecanismos o máquinas moleculares que midan unos cuantos átomos. Y se debe realizar de manera controlada, precisa y fiable. Será entonces cuando la química de síntesis llegue a su máximo potencial. De momento ya se van dando algunos pasos impensables hace poco tiempo. Ya se fabrican moléculas en forma de anillo o de engranaje que sirven para fabricar otras moléculas. Son las primeras nanomáquinas, cada vez más complejas y útiles. Pero el caso es que, a pesar de los avances, todavía no disponemos de los conocimientos ni de las herramientas moleculares necesarias para aprovechar todo el potencial de autoacoplamiento químico.

91 / 100

LA ESTRUCTURA DEL AGUA

Con el agua ocurre algo muy curioso. Estamos tan acostumbrados a ella (la vemos cayendo del cielo y llenando río y mares, formando parte de nosotros y saliendo del grifo o embotellada) que nos parece la cosa más normal del mundo. Y, en cambio, el agua es uno de los compuestos más sorprendentes que existen.

En principio todos conocemos la fórmula del agua, H_2O. Dos átomos de hidrógeno unidos a uno de oxígeno. O más exactamente, el oxígeno se encuentra en medio, y los dos hidrógenos están unidos a cada lado, pero no exactamente opuestos, sino formando un ángulo bien definido de 104,5°.

Cuando los químicos estudiaron las características de los distintos elementos y moléculas que conocían, muy pronto se dieron cuenta de que uno de ellos no se comportaba como esperaban. El agua parecía que se reía de los químicos. Cambios en la temperatura alteraban el comportamiento del agua de una manera distinta al resto de compuestos. De hecho, si el agua se comportara como el resto de moléculas, no existiría en la Tierra en forma líquida. Toda estaría en forma de vapor.

Naturalmente, esto únicamente quiere decir que la teoría es incorrecta o incompleta. Y en el caso de la molécula de agua, esto es lo que pasa. La clave es que, como los hidrógenos están más bien hacia un lado de la molécula, todo el conjunto se comporta como un pequeño imán. Un lado tiene una ligera carga positiva, mientras que el otro la tiene negativa. Y por eso, cuando dos moléculas de agua se encuentran, tienen esta tendencia a orientarse de una manera determinada. Pero como esta atracción es muy débil, en seguida se rompe la estructura y se orienta de cara a otra molécula de agua que pueda pasar por ahí. De hecho, las posiciones se mantienen estables únicamente cuando el agua se hiela.

El problema es comprender cómo se estructuran estos cambios, este baile de moléculas que ahora miran hacia un lado y ahora hacia otro. Parece que se pueden formar agregados un poco más estables de unas pocas moléculas de agua que se comportan como un grupo compacto, al menos durante un rato. Si fuera así, se entendería que el agua aguante en estado líquido más tiempo de lo que sería de esperar. El problema es que todavía no se han detectado estas agrupaciones de moléculas de agua. O mejor dicho sí que se han detectado, pero muy pequeñas. De solo cuatro moléculas. Demasiado poco para lo que se esperaba.

Y el caso es que disponemos de un par de docenas de modelos teóricos para comprender cómo funciona el agua líquida, pero todavía no sabemos si alguno de estos modelos es el correcto.

El agua es el más corriente de los líquidos y precisamente por esto no deja de recordarnos que todavía nos queda mucho por aprender.

92 / 100

TURBULENCIA

La turbulencia tienen la particularidad de ser uno de los grandes problemas para la física teórica y, al mismo tiempo, la podemos experimentar en la más absolutamente cotidianidad. No se trata de partículas subatómicas con nombres exóticos, ni de movimientos de galaxias inimaginablemente lejanas. Y a pesar de esto, se hace muy difícil explicarla teóricamente.

Podemos observar una turbulencia cuando miramos cómo sube el humo de un cigarrillo, primero en un movimiento pausado y lineal y, de pronto, la linealidad se rompe y empiezan a aparecer movimientos en espiral, aleatorios y caóticos. También la podemos notar cuando vamos en avión y de pronto este empieza a saltar arriba y abajo. Entonces escuchamos la voz del piloto que nos pide que nos abrochemos el cinturón porque cruzamos una "zona de turbulencias". También vemos las turbulencias en el movimiento del agua cuando pasa alrededor de los pilares de un puente. A veces el movimiento es elegante y pausado, pero, si la corriente es lo suficientemente rápida, empiezan a aparecer remolinos y espuma detrás. De nuevo, la turbulencia.

De manera que no nos es nada extraño que un fluido, un gas o un líquido que inicialmente se mueven de una manera tranquila, de pronto cambien su comportamiento y se instalen en un aparente desorden. En términos técnicos, el movimiento inicial se llama *flujo laminar*, en el que las partículas del fluido se mueven ordenadamente, siguiendo rutas paralelas, regulares y claramente definidas. Pero a partir de mucha velocidad, poca viscosidad o mucho caudal, el flujo laminar se rompe y se convierte en turbulento.

Existe una fórmula que tiene en cuenta estos parámetros y que, cuando se aplica a un fluido, da un número llamado *número de Reynolds*.

Y sabemos que si este número es mayor a dos mil, el fluido pasará a comportarse de manera turbulenta, mientras que para números de Reynolds menores el movimiento será laminar.

Pero cuando debemos describir con fórmulas cómo aparece la turbulencia, cómo se mueven las partículas en un flujo turbulento o qué factores determinan las características de la turbulencia, no disponemos más que de aproximaciones relativamente insatisfactorias. La realidad es que todavía no comprendemos completamente la esencia de la turbulencia. Tanto es así que se hizo famosa una frase pronunciada por Werner Heisenberg cuando le preguntaron qué le preguntaría a Dios si tuviera la ocasión. La respuesta fue: "Le preguntaría dos cosas: ¿por qué la relatividad? Y, ¿por qué la turbulencia? Y sospecho que Dios tendrá respuesta para la primera pregunta."

93 / 100

EL LENGUAJE DE LOS ANIMALES

Los humanos nos comunicamos sobre todo a través del lenguaje. También con los gestos y otros sistemas no verbales, pero la base principal que mantiene unidas las sociedades es la comunicación verbal. Muchas veces se dice que esta es una característica única de los humanos, pero esto no es exactamente cierto.

Sabemos que existen otras especies animales que utilizan sonidos para comunicarse. La cuestión es definir cuándo se pasa de simples señales sonoras a un lenguaje sofisticado como hoy lo entendemos. Por ejemplo, los chimpancés sí que se comunican, y de manera muy compleja, con los sonidos que emiten. Pero parece exagerado llamar a este sistema de comunicación *lenguaje*. El lenguaje animal debemos buscarlo en otros lugares. Concretamente en el mar.

Pocas cosas parecen tan sofisticadas y poco conocidas como el sistema de comunicación de los mamíferos marinos. Los cantos de las ballenas y los silbidos de los delfines están más allá de nuestra comprensión, pero ellos se comunican de una manera que se acerca muchísimo a lo que entendemos por lenguaje.

En el caso de los delfines, que quizás es el más estudiado, nosotros ya partimos en desventaja. Ellos pueden usar un espectro de frecuencias muy superior al que nosotros podemos captar. Pueden emitir sonidos tan agudos que pasan desapercibidos al oído humano, pero que a ellos les son imprescindibles. De hecho, también utilizan el sonido para la ecolocalización, pero ahora nos referimos a la capacidad de comunicarse.

De todos modos, aunque no los podamos oír, sí disponemos de aparatos para captar los *clics* y los silbidos que emiten. Podemos agruparlos en diferentes categorías y podemos observar cuándo y cómo los emiten. Con estos datos hemos podido comprobar que cada delfín tienen un silbido que sirve de carta de presentación. Como si fuera su nombre y sirviera para identificarse ante los otros.

También hemos visto que pueden imitar los sonidos de los humanos. De una manera muy extraña, ya que los aparatos para emitir sonidos resultan muy distintos. Pero el caso es que algunos entrenadores han enseñado a un delfín a contar hasta diez. ¡La gracia, y la sorpresa, fue que este delfín se lo enseñó a otro!

Resulta irónico pensar que algunos quieren comprender mensajes extraterrestres cuando todavía somos incapaces de entender los de unos compañeros de planeta. Y es que todavía sabemos muy poco del lenguaje de los delfines.

En realidad diríamos que de momento saben mucho más ellos sobre el nuestro. Y esto dice mucho sobre las inteligencias respectivas de unos y otros.

94 / 100

IDIOMAS PERDIDOS

En nuestro planeta se hablan alrededor de seis mil idiomas. Muchos de ellos, sin embargo, desaparecerán pronto, ya que dependen únicamente de unas pocas personas vivas que todavía los conocen. Pero a lo largo del tiempo ha habido otras lengas habladas por distintos pueblos que nos han dejado su rastro en forma de inscripciones y textos sobre todo tipo de soportes. Piedra, barro, papiro, madera... Unas inscripciones que en muchos casos simplemente no podemos comprender. Quizás hablen de gloriosas batallas dirigidas por generales olvidados o quizás sean simples listas de mercancías. Quién sabe si esconden exquisitos poemas o insultos de lo más groseros.

Descifrar algunas de estas lenguas puede llegar a ser una obsesión para muchas personas. Y el caso es que detrás suele haber el razonamiento "si una cosa la ha inventado una persona, otra puede comprenderla". Por desgracia, las cosas son más complejas.

Algunos idiomas, como el antiguo etrusco, se han podido descifrar. Los expertos puede coger un texto etrusco y leerlo sin dificultades. El único problema es que no se ha podido traducir. Podemos pronunciar las palabras que encontramos escritas, pero ignoramos su sentido. Únicamente algunas veces se puede comprender algún texto sencillo, con nombres de personas o lugares. Pero poca cosa más.

También tenemos el "lineal A", un antiguo sistema de escritura que utilizaron los minoicos, en la actual isla de Creta, hace unos tres mil quinientos años. Tenemos tabletas de barro con las que hemos podido saber que existían un centenar de caracteres individuales y otros silábicos, pero su significado sigue siendo desconocido. Durante un tiempo también fue misteriosa una escritura que quizás derivó de esta. Pero la "lineal B" sí se pudo descifrar.

Y, así, muchos más. La escritura de los mayas, hecha con símbolos grabados en piedra y que se conoce en parte (aunque no del todo). El rongo rongo, que era el sistema de escritura hecho con dientes de tiburón sobre tablas de madera de la isla de Pascua. Un sistema de símbolos sobre el que se han realizado muchas teorías, aunque ninguna confirmada.

La magnitud del problema se hace evidente cuando pensamos que los egipcios dejaron millones de jeroglíficos esparcidos por todo Egipto, pero, a pesar de la apabullante abundancia de material, hasta que no pareció una piedra de Rossetta trilingüe que dio el punto de partida no hubo manera de descifrarlos.

Y, por desgracia, no podemos contar con muchas "piedras de Rossetta". De manera que por ahora nos hemos limitado a seguir mirando muchos textos antiguos y preguntarnos: ¿qué debe de decir aquí?

95 / 100

WOW!

Cuando se trata de buscar señales de hipotéticos seres extraterrestres debemos tener en cuenta algunas cosas. Una manera de enviar mensajes es con las ondas de radio. Señales que viajan a la velocidad de la luz y que, en principio, cualquier civilización que disponga de tecnología tendría que conocer.

Lo que debemos hacer es escoger qué longitudes de onda se examinan. Algunas no resultan demasiado útiles, porque son absorbidas con demasiada facilidad y se perderían por el camino a medida que el polvo interestelar las fuera debilitando. Entre las que podrían ser útiles está la frecuencia de 1.420 MHz. Lo que tiene de particular es que es la correspondiente a la frecuencia espectral del hidrógeno, y el Universo está hecho básicamente de hidrógeno. De manera que podría ser un buen punto de partida. Debemos decir que, obviamente, no tenemos ni idea de si algún extraterrestre opina de la misma manera, pero ¡por algún lado tenemos que empezar!

El caso es que ya hace años que contamos con radiotelescopios que observan el cielo en esta frecuencia. No siempre para buscar extraterrestres, claro, pero las observaciones que se hacen a 1.420 MHz también se aprovechan para buscar las hipotéticas señales.

Otra característica que tendría una señal extraterrestre es que seguiría un patrón muy definido. Comenzaría muy débil, aumentaría de intensidad hasta llegar a un punto máximo y después volvería a debilitarse hasta desaparecer. Esto no tiene nada que ver con los ET, sino con la rotación de la Tierra. A medida que la Tierra gira, el radiotelescopio irá apuntando cada vez más directamente al punto de donde proceda la señal. Llegará un momento en que estará encarado directamente a la señal, y después se irá apartando. Cualquier señal que no siga este patrón, seguro que no proviene del espacio exterior.

El 15 de agosto de 1977 se detectó una señal que coincidía totalmente con lo que se esperaba. Durante unos setenta segundos el radiotelescopio Big-Ear captó una señal treinta veces más intensa que el ruido de fondo. Una señal que aparentemente provenía de la constelación de Sagitario y que respondía a las siglas 6EQUJ5. Tan sorprendente era que el operador escribió al lado del registro: "Wow!" ("¡Vaya!").

Desgraciadamente la señal no se repitió. Se ha mirado más veces en aquella misma dirección y nunca se ha vuelto a notar nada especial. ¿Quizás fue una interferencia? ¿O quizás un satélite que pasaba por allí y que casualmente reprodujo todo lo que esperaríamos si la señal llegara del espacio exterior? Podría ser una sonda militar. Entonces sería una señal inteligente proveniente del espacio, pero, ¡ay!, no sería extraterrestre.

De momento el misterio de la señal "Wow!" sigue vigente. Pero sin nuevas repeticiones será difícil sacar nada en claro.

96 / 100

TELEPORTACIÓN

Uno de los momentos clásicos de la serie *Star Trek* era cuando pronunciaban las palabras "Scotty, transporte para tres", que precedían a la desmaterialización de los protagonistas y su posterior rematerialización dentro de la *Enterprise*. Aquella teleportación era una de las señales de identidad del mundo *Star Treck*. Y Scotty era el seguro de vida de la tripulación.

El caso es que ciertamente sería muy útil un sistema de teleportación como aquel. Desaparecer de un lugar y aparecer en otro, instantáneamente. Y alguna cosa parecida ya se ha hecho bastantes veces en distintos experimentos.

En teoría, la teleportación consiste en coger un objeto, escanearlo para obtener toda su información, enviar los datos a otro lugar y reconstruir el objeto original, átomo a átomo. Igual que un fax en tres dimensiones.

Hace años se pudo demostrar que esto sería posible en teoría, pero al precio de destruir el objeto original. Y posteriormente se hicieron experimentos en los que la teleportación tuvo éxito… pero únicamente en sistemas tan simples como un par de fotones o un ion.

El origen teórico del experimento lo dio Einstein cuando intentaba encontrar alguna incoherencia en la teoría cuántica, que no le acababa de convencer. En 1935, los físicos Einstein, Podolsky y Rosen propusieron una idea (en aquel momento completamente teórica) según la cual se pueden generar dos electrones que estén "entrelazados cuánticamente". Esto quiere decir que las características de uno y otro están unidas de alguna manera. Lo que le pasa a uno de los electrones afecta al otro instantáneamente. Por eso, si medimos características sobre una de las partículas, obtenemos información sobre la otra sin importar a qué distancia se encuentren. Conseguimos que determinada información se transmita más rápido que la luz, cosa que Einstein postulaba que era imposible.

Pero el caso es que parece que sí que pasa, aunque no se comprende demasiado bien cómo o por qué.

Por tanto, en teoría podríamos escanear una persona y recoger toda la información sobre el estado de todos y cada uno de sus átomos. Posteriormente, con esta información, podríamos rehacer todos y cada uno de los átomos en otro lugar. Los átomos serían diferentes, pero el resultado final sería exactamente la misma persona. De la misma manera que ahora nosotros estamos hechos de átomos diferentes que hace unos meses, pero seguimos siendo los mismos.

En cualquier caso, ya se ha hecho algún experimento de teleportación manejando con unos cuanto miles de átomos y una distancia de medio metro. Parece poco pero ya es un paso.

De todos modos, la eficacia todavía no es del 100%. Y, francamente, si no me garantizan una fiabilidad total cuando se trata de reconstruirme, yo no me dejo desmaterializar.

97 / 100

HIPÓTESIS DE RIEMANN

En el año 1900 un matemático llamado David Hilbert propuso veintitrés problemas que representaban, según él, los grandes retos que tenía esa ciencia. Era el listado de las grandes batallas que los matemáticos tenían que librar, con unos nombres completamente misteriosos, como "Resolver las formas cuadráticas con coeficientes numéricos algebraicos" o "Uniformización de las relaciones analíticas por medio de funciones automórficas".

Pero el caso es que esos grandes retos se fueron alcanzando. Uno a uno cayeron todos. ¿Todos? ¡No! El problema número 8 de la lista sigue sin respuesta. Es la Hipótesis de Riemann.

Aunque para comprender exactamente el problema es necesaria una base matemática, por lo menos podemos transcribir el enunciado. En 1859 el matemático Bernhard Riemann propuso que "la parte real de todo cero no trivial de la función zeta de Riemann es ½". Esta manera de decirlo parece poco clara (excepto para los matemáticos), pero en realidad la cuestión es ciertamente intrigante. Riemann había notado que esta función zeta parecía estar relacionada con la manera en que los números primos van apareciendo a medida que vamos contando. Y los números primos resultan particularmente interesantes. Más allá del hecho de que se pueden dividir únicamente entre ellos y por la unidad, su distribución es de lo más misteriosa. No hay manera de saber cuándo aparecerá el próximo. Pero si la hipótesis de Riemann fuera cierta las cosas cambiarían, y se haría la luz sobre estos números.

De todos modos, la hipótesis, hoy por hoy, solo es una conjetura. Es como si Reimann dijera: "Yo diría que es así, intuyo que es así, parecería que es así… pero todavía no lo he demostrado". Pues bien, el gran problema irresuelto de las matemáticas es saber si esta propuesta es verdadera o falsa. Lo han calculado muchas veces y todos los cálculos y las teorías matemáticas apuntaban que aquel enunciado críptico para los no-matemáticos se cumplía siempre. Todavía no se ha encontrado ningún caso en que no se cumpla, pero eso podría ocurrir esta tarde, y mientras tanto sigue sin demostrarse.

El caso es que de esto dependen muchas otras cosas. Por ejemplo, la seguridad de las comunicaciones por Internet depende de la Hipótesis de Riemann. Cada vez que damos el número de la tarjeta de crédito a través de la red nos estamos poniendo en manos de esta hipótesis.

Quizás por eso, y por la irritación que causa tener un problema sin resolver desde hace más de un siglo y medio, se ha establecido un premio de un millón de dólares para quien lo resuelva.

98 / 100

LOS SIETE PROBLEMAS DEL MILENIO

Ya hemos dicho que en 1900 Hilbert propuso un listado con los veintitrés principales problemas de las matemáticas de aquel momento. Y, a lo largo del siglo XX, casi todos se fueron resolviendo. Pues en el año 2000 se quiso repetir el reto y el Instituto Clay, de Cambridge, propuso un nuevo listado de retos, que llamó *Los siete problemas del milenio*. Y sí, estos también tienen un premio de un millón de dólares para quien los resuelva.

La verdad es que el nombre es un poco una "fantasmada", porque hablar de milenios es mucho hablar. Y más cuando en 2002 ya se resolvió el primero, la Conjetura de Poincaré. De manera que los siete problemas ahora ya son solamente seis. Y hay que recordar que uno de ellos es la Hipótesis de Riemann, el único superviviente de la lista de 1900. Por tanto, quedan cinco.

El primero es "P versus NP", que suena muy raro. De hecho, se trata de la diferencia entre dos tipos de problemas: los que se pueden resolver en un tiempo razonable y aquellos en que puedes comprobar si la solución es correcta. Parece una tontería, pero conocer este dato tiene que permitir decidir si vale la pena afrontar o no un determinado problema.

Otro es la Teoría de Yang Mills. Unas ecuaciones que, aplicadas a la física de las partículas, permitieron describir partículas elementales utilizando aproximaciones geométricas. La cuestión es saber cómo aplicar estas ecuaciones también en las interacciones nucleares fuertes.

También están las Ecuaciones de Navier-Stokes, que describen el comportamiento de líquidos y gases. Lo que hay que hacer es utilizarlas para mejorar la comprensión de la dinámica de los fluidos.

La Conjetura de Birch y Swinnerton-Dyer dice que existe una manera de saber si unas determinadas ecuaciones que definen curvas elípticas tienen solución o no. Ya se sabe que no se puede encontrar ninguna fórmula general, pero para algunos casos particulares esta conjetura dice que sí. El reto es demostrar si esto es correcto.

Por fin, la Conjetura de Hodge dice que para variedades algebraicas proyectivas los ciclos de Hodge son una combinación lineal racional de ciclos algebraicos. ¡Anda! Esto solo un auténtico matemático puede entenderlo.

Pero debemos recordar que todos estos problemas son importantes porque podrían tener consecuencias sobre nuestra vida en el futuro. Como funcionará Internet, la producción de energía, los sistemas de transporte...

No son únicamente entretenimientos abstractos. ¡Ni mucho menos!

99 / 100

UN LÍMITE PARA LOS ORDENADORES

Estamos acostumbrados que cada año, por Navidad, aparezca una nueva generación de ordenadores más potentes que los del año anterior. La capacidad de las máquinas, la potencia de los procesadores, es fabulosa, pero hace tantos años que aumenta sin parar que ya ni siquiera nos sorprende. Y si quieres que un procesador haga cada vez más cosas y cada vez más deprisa, la solución es construirlo con componentes más y más pequeños. Así caben más en el mismo espacio, y las señales tienen que viajar menos de un lado a otro.

Pero ya se intuyen los límites. Los ordenadores funcionan con el código binario, a base de "0" y "1". En la práctica esto son dos estados de los transistores de silicio, que cada vez son de menor tamaño. Es evidente que llegará un momento en que no se podrán reducir más. Será cuando los transistores midan un único átomo. De hecho, ya se diseñan transistores hechos con una molécula, un grupito de pocos átomos que pueden adquirir dos conformaciones distintas. Todavía no son funcionales en la práctica, pero seguramente no tardaremos en verlos.

Y más allá, ¿qué? ¿Seguro que no podemos mejorar el sistema? El siguiente paso, en cualquier caso, será cambiar el planteamiento y diseñar un "ordenador cuántico", que funcione aprovechando características cuánticas de la materia. De todos modos, no existen solo límites físicos que debamos superar. Bajo la estructura de los ordenadores y sus lenguajes, encontramos pura matemática, y aquí existen límites todavía no resueltos. Existen problemas que se sabe que tienen solución y que se puede obtener. Pero existe otro tipo de problemas que se sabe que tienen solución, pero que el tiempo necesario para obtenerla es ridículamente largo. Si para obtener un resultado necesitas más tiempo que la edad del Universo, en la práctica es como si fuera irresoluble… si no se encuentran aproximaciones matemáticas nuevas que permitan resolver este tipo de cuestiones. De hecho, uno de los objetivos de los matemáticos es poder demostrar si existen estas aproximaciones alternativas o no.

Al final resulta que, para algunos, intentar mejorar la computación es una excusa para, por una parte, hacer avanzar el conocimiento matemático y levantar nuevas teorías sobre el universo de los números; y, por otra parte, avanzar también en la manipulación de la estructura más básica de la materia y encontrar nuevas maneras de manipular los átomos para construir nuevos componentes más pequeños, rápidos y eficaces.

Y si, de todo esto, surge un ordenador que hoy es inimaginable, ¡pues mucho mejor!

100 / 100

ORDENADOR CUÁNTICO

Con los ordenadores ya pocas cosas nos sorprenden. Cada nueva generación ofrece tantas mejoras en rendimiento, en capacidad y en velocidad que nos parece de lo más normal disponer de las máquinas con las que contamos actualmente, y ya ni recordamos los viejos 386 o los tiempos en que contábamos con "kilos" en lugar de con "gigas" o "teras". Pero quizás llegará un día en que aparecerá una generación de ordenadores que sí nos impresionará. Y es que el día que se fabriquen de verdad ordenadores cuánticos, todo el resto parecerán solo calculadoras grandes.

Actualmente los ordenadores utilizan códigos binarios basados en "bits". Son secuencias de 1 y 0 que contienen la información, y cada una de estas cifras es un bit. El nombre de binario viene de que únicamente existen dos valores posibles. Precisamente el 1 y el 0. En la práctica, esto son dos estados de un sistema. Una bombilla encendida o apagada, una puerta abierta o cerrada, o un transistor activo o inactivo.

Parte de las mejoras de los ordenadores ha ido en paralelo a la miniaturización de los sistemas físicos. Por ejemplo, hace pocos años un procesador de pocos centímetros disponía de casi diez millones de transistores.

Pero la miniaturización tiene límites. Quizás se podrán hacer transistores de pocos átomos, pero no se podrá ir mucho más allá. Por eso, es necesario un nuevo concepto. Y aquí entra en juego el ordenador cuántico. Un sistema de computación que no utilizaría bits, con valores de 1 y 0, sino que utilizaría qbits (o bits cuánticos), aprovechando algunas de las alucinantes características de la mecánica cuántica.

En teoría, un qbit no dispone únicamente de los valores 1 y 0, sino de todos los estadios posibles intermedios. Esto parecería que quiere decir volver al mundo analógico y no tendría mayor gracia. Pero hablando de mecánica cuántica, las cosas siempre son extrañas. Un qbit también tiene una característica particular. Puede tener los valores 1 y 0 al mismo tiempo. Y, además, los qbits se pueden entrelazar. El valor de un qbit puede influir sobre otro, de manera que, midiendo uno, ya sabemos el valor del otro.

Con todo esto las posibilidades de la informática no se multiplican, sino que aumentan en muchos órdenes de magnitud. Solo nos falta el pequeño detalle de saber cómo construirlos físicamente. Habrá que trabajar con componentes del tamaño de electrones, o de núcleos atómicos, o de alguna cosa que todavía no imaginamos. Y un fotón que pasara por ahí alteraría todas las medidas. Difícil, pero el premio vale la pena.

Y, encima, ¿por qué limitarse a 1 y a 0? Algunos científicos ya piensan en qtrits en lugar de qbits, para jugar con el 0, el 1 y el 2. Aunque, ¿por qué limitarse a 3? Parece que esto acaba de empezar.